Metin Tolan
Stille Nacht, eilige Nacht

Zu diesem Buch

Wer hätte geahnt, dass der Weihnachtsmann Jahr um Jahr sein Leben aufs Spiel setzt? Dass seine heimliche Mission einem Himmelfahrtskommando gleicht? Investigativ und mit wissenschaftlicher Präzision nimmt der Physikprofessor Metin Tolan seine Fährte auf und beleuchtet, was sich an Heiligabend in der Erdatmosphäre, in den Schornsteinen und in unseren geschmückten Stuben wirklich abspielt, wenn keiner hinsieht. Er berichtet von waghalsigen Flugkurven, gefährlichen Bremsmanövern und vaporisierenden Rentieren und kommt nach verschiedenen Berechnungen zu einem ganz und gar unbesinnlichen Schluss, der vielen Kindern und Erwachsenen kaum gefallen dürfte. Allerdings ist die physikalische Beweislage geradezu erdrückend, in erster Linie für den Weihnachtsmann, den die Beschleunigungskräfte in seinem Schlitten zu einer Briefmarke zusammenpressen, falls ihm nicht vorher schon Reibung und Hitze den Garaus gemacht haben.
Doch das Weihnachtsfest muss nicht ausfallen, denn es gibt einen Ausweg aus diesem Dilemma. Um Millionen Geschenke rechtzeitig, aber ohne gesundheitliches Risiko zu verteilen, muss der Weihnachtsmann lediglich die wissenschaftlichen Erkenntnisse der letzten hundert Jahre beherzigen und mit Quantensprüngen in unsere Schornsteine hüpfen. Überzeugend und mit einem Augenzwinkern erklärt uns Metin Tolan, wie die moderne Quantenphysik nicht nur unser Verständnis von Realität, Zeit und Bewusstsein neu geformt, sondern eben auch verdienstvoll zur Rettung des Weihnachtsmanns beigetragen hat.

Metin Tolan

Stille Nacht, eilige Nacht

Mit der (Quanten-)Physik dem Weihnachtsmann hinterher

Mit zahlreichen Schwarz-Weiß-Illustrationen und Grafiken

PIPER

Mehr über unsere Autorinnen, Autoren und Bücher:
www.piper.de

Von Metin Tolan liegen im Piper Verlag vor:
Stille Nacht, eilige Nacht
Die STAR TREK Physik
Manchmal gewinnt der Bessere
Geschüttelt, nicht gerührt
Titanic

Originalausgabe
ISBN 978-3-492-07428-5
1. Auflage Oktober 2025
3. Auflage August 2026

Für einen direkten Kontakt und Fragen zum Produkt
wenden Sie sich bitte an: *info@piper.de*
Umschlaggestaltung: Büro Jorge Schmidt, München
Umschlagabbildung: Bilder unter Lizenzierung von
Shutterstock.com genutzt
Illustrationen: © Livia ten Barge
Satz: Uhl + Massopust, Aalen
Gesetzt aus der Minion
Litho: Lorenz & Zeller, Inning am Ammersee
Druck und Bindung: GGP Media GmbH, Pößneck
Printed in the EU

Inhalt

1.

Vorwort

Alle Jahre wieder ist Weihnachten.[1] Freuen Sie sich auch auf ein paar besinnliche und ruhige Tage, die etwas Zeit zum Ausspannen und Nachdenken lassen? Apropos Nachdenken, haben Sie schon einmal über den Weihnachtsmann[2] nachgedacht? Wie schafft er es

---

1 Im Text gibt es viele Fußnoten. Die eiligen Leserinnen und Leser können diese aber einfach ignorieren, denn sie enthalten entweder die genauen physikalischen Formeln und Berechnungen, die den Angaben im Text zugrunde liegen, oder sie bieten Zusatzinformationen, die aber für das Textverständnis nicht von Bedeutung sind.

2 Wir werden in diesem Buch immer vom Weihnachtsmann oder von »Santa Claus« – wie er im englischen Sprachraum genannt wird – sprechen. Andere Personen wie etwa Knecht Ruprecht oder das Christkind, welche angeblich ebenfalls am 24. Dezember Geschenke an Kinder verteilen, werden im Folgenden nicht betrachtet, da nur vom Weihnachtsmann genauere übereinstimmende Beschreibungen existieren. In den Niederlanden kommt Sinterklaas und in Russland Дед Мороз bzw. Djed Moros (Väterchen Frost). In Italien Babbo

eigentlich, all die Geschenke an nur einem Tag zu verteilen? Wie viele Geschenke muss er überhaupt verteilen? Wo kommt er her, und wie schnell muss er sich bewegen, damit er das hinbekommt? Und wie weit muss man laufen, um einen Schokoladenweihnachtsmann wieder abzutrainieren? Fragen über Fragen! Kann man sie überhaupt beantworten, oder muss man einfach an den Weihnachtsmann glauben?

Haben wir das nicht alle als Kinder getan? Ehrlich gesagt: Nein, ich zumindest nicht. Mir erschien es schon immer als recht unwahrscheinlich, dass ein übergewichtiger älterer Herr am 24. Dezember zu uns nach Hause kommt und den Kindern Geschenke bringt, um sich dann wieder in Windeseile aus dem Staub zu machen. Vielleicht liegt das auch daran, dass meine früheste Kindheitserinnerung die erste Mondlandung am 21. Juli 1969 ist. Ich war vier Jahre alt, als Neil Armstrong als erster Mensch seinen Fuß auf den Erdtrabanten setzte. Die Begeisterung, die ich damals empfand, hat dazu beigetragen, dass ich Physiker wurde. Schon als Kind habe ich mich oft gefragt: Wie funktioniert das? Wie kann man auf dem Mond landen? Genau das wol-

---

Natale und in Frankreich Père Noël, in Polen, je nach Region, Gwiazdor (der Sternenbringer) oder Święty Mikołaj (der heilige Nikolaus). In Spanien und Portugal bringen Papa Noel und Pai Natal die Geschenke und Noel Baba in der Türkei.

len wir in diesem Büchlein auch mit dem Weihnachtsmann machen und uns fragen: Wie macht der das?

Wenn wir also einmal die Existenz des Weihnachtsmanns als gesichert annehmen, weil sich die ganze Welt einfach nicht irren kann, dann brennt uns natürlich die Frage unter den Nägeln, wie er es schafft, an Heiligabend die vielen Geschenke an alle Kinder auf der Welt zu verteilen. Das ist sicher eine sehr anspruchsvolle Aufgabe, aber wir beachten bei der Beantwortung die Gesetze der Physik. Naturgesetze sind nämlich unbestechlich. Nicht einmal der Weihnachtsmann kann sich über sie hinwegsetzen. Deswegen soll ein Weihnachtsmann betrachtet werden, der sich streng an die Naturgesetze hält. Hierfür müssen wir uns diese ganz genau anschauen und überlegen, was sie hergeben und wie sie den Weihnachtsmann bei seiner Arbeit am Heiligen Abend einerseits unterstützen, andererseits aber auch einschränken können.

Letztlich vermittelt dieses Büchlein völlig nutzloses Wissen, oder anders ausgedrückt: Es enthält reines Angeberwissen. Sie werden nach dem Lesen feststellen, dass Ihnen die neu gewonnenen Erkenntnisse in keiner Lebenslage wirklich weiterhelfen. Aber Sie können nun an Weihnachten im Kreise Ihrer Liebsten mit wirklich verblüffenden Fakten glänzen und das besinnliche Fest durch wissenschaftlich fundierte Bemerkungen etwas auflockern. Ich wünsche Ihnen *Frohe Weihnachten* und viel Spaß beim Lesen.

2.

Das Weihnachtsmann-Rätsel

Im Jahr 1897 wurde Philip O'Hanlon aus New York von seiner acht Jahre alten Tochter Virginia gefragt, ob es den Weihnachtsmann tatsächlich gebe. Virginia hatte berechtigte Zweifel, da ihre Freunde inzwischen sehr skeptisch geworden waren. O'Hanlon zögerte, die Frage seiner Tochter zu beantworten. Virginia sollte an die *New York Sun* schreiben, um eine Antwort zu erhalten. Der Vater versicherte seiner Tochter, dass das Blatt die Wahrheit sagen würde, denn es handle sich um eine sehr angesehene Zeitung. Virginia schrieb also an die *New York Sun* die folgenden Zeilen:[3]

> *Lieber Redakteur: Ich bin 8 Jahre alt. Einige meiner kleinen Freunde sagen, dass es keinen Weihnachtsmann gibt. Papa sagt: »Wenn du es in*

3 Die folgende Fassung ist eine am Originaltext orientierte Übersetzung.

der Sun siehst, ist es so.« Bitte sagen Sie mir die Wahrheit: Gibt es einen Weihnachtsmann?

Virginia O'Hanlon, 115 West Ninety-fifth Street.

Diese Frage führte zu einer der ersten überlieferten Geschichten, in der die Existenz des Weihnachtsmanns hinterfragt wird. Ein Redakteur der *Sun*, Francis Pharcellus Church, war von dieser Frage sofort angetan und gab sich sehr viel Mühe mit seiner Antwort. In der Ausgabe vom 21. September 1897 erschien ein Leitartikel mit der Überschrift »*Gibt es einen Weihnachtsmann?*« und darin die sehr klare Antwort: »*Ja, Virginia, es gibt einen Weihnachtsmann!*« Francis P. Church schrieb:[4]

Virginia, deine kleinen Freunde haben unrecht. Sie sind beeinflusst von der Skepsis eines skeptischen Zeitalters. Sie glauben an nichts, das sie nicht sehen. Sie glauben, dass nichts sein kann, was ihr kleiner Verstand nicht fassen kann. Der Verstand, Virginia, sei er nun von Erwachsenen oder Kindern, ist immer klein. In diesem unserem großen Universum ist der Mensch vom Intellekt

4 Im Original: »Is There a Santa Claus? Yes, Virginia, there is a Santa Claus.« Übersetzung des Textes hier nach Wikipedia: https://de.wikipedia.org/wiki/Gibt_es_einen_Weihnachtsmann%3F. Dort ist auch ein Foto des Originalartikels zu finden.

her ein bloßes Insekt, eine Ameise, verglichen mit der grenzenlosen Welt über ihm, gemessen an der Intelligenz, die zum Begreifen der Gesamtheit von Wahrheit und Wissen fähig ist.

Ja, Virginia, es gibt einen Weihnachtsmann. Er existiert so zweifellos, wie Liebe und Großzügigkeit und Zuneigung bestehen, und du weißt, dass sie reichlich vorhanden sind und deinem Leben seine höchste Schönheit und Freude geben. O weh! Wie öde wäre die Welt, wenn es keinen Weihnachtsmann gäbe. Sie wäre so öde, als wenn es dort keine Virginias gäbe. Es gäbe dann keinen kindlichen Glauben, keine Poesie, keine Romantik, die diese Existenz erträglich machen. Wir hätten keine Freude außer durch die Sinne und den Anblick. Das ewige Licht, mit dem die Kindheit die Welt erfüllt, wäre ausgelöscht.

Nicht an den Weihnachtsmann glauben! Du könntest ebenso gut nicht an Elfen glauben! Du könntest deinen Papa veranlassen, Menschen anzustellen, die am Weihnachtsabend auf alle Kamine aufpassen, um den Weihnachtsmann zu fangen; aber selbst wenn sie den Weihnachtsmann nicht herunterkommen sähen, was würde das beweisen? Niemand sieht den Weihnachtsmann, aber das ist kein Zeichen dafür, dass es den Weihnachtsmann nicht gibt. Die wirklichs-

ten Dinge in der Welt sind jene, die weder Kinder noch Erwachsene sehen können. Sahst du jemals Elfen auf dem Rasen tanzen? Selbstverständlich nicht, aber das ist kein Beweis dafür, dass sie nicht dort sind. Niemand kann die ungesehenen und unsichtbaren Wunder der Welt begreifen oder sie sich vorstellen.

Du kannst die Babyrassel auseinanderreißen und nachsehen, was darin die Geräusche erzeugt; aber die unsichtbare Welt ist von einem Schleier bedeckt, den nicht der stärkste Mann, noch nicht einmal die gemeinsame Stärke aller stärksten Männer aller Zeiten, auseinanderreißen könnte. Nur Glaube, Fantasie, Poesie, Liebe, Romantik können diesen Vorhang beiseiteschieben und die übernatürliche Schönheit und den Glanz dahinter betrachten und beschreiben. Ist das alles wahr? Ach, Virginia, in der ganzen Welt ist nichts sonst wahrer und beständiger.

Kein Weihnachtsmann! Gott sei Dank lebt er, und er lebt auf ewig. Noch in tausend Jahren, Virginia, nein, noch in zehnmal zehntausend Jahren wird er fortfahren, das Herz der Kindheit zu erfreuen.

Dies war eine sehr bemerkenswerte Antwort einer Zeitung auf die Frage einer Achtjährigen! Sie ging um die ganze Welt und ist auch noch mehr als 125 Jahre später einer der am häufigsten nachgedruckten Artikel in Zeitungen in englischer Sprache.

Francis P. Church hat in seinem Leitartikel einige Fragen aufgeworfen, über die man etwas genauer nachdenken kann – wobei in diesem Büchlein immer ein großes Augenzwinkern mitschwingt. Die grundsätzliche Frage, *ob* es den Weihnachtsmann gibt, wurde aber offenbar schon 1897 auf eindrucksvolle Art und Weise von der *New York Sun* beantwortet – eine bessere Antwort kann man kaum geben. Daher müssen wir nur noch darüber nachdenken, *wie* der Weihnachtsmann an Heiligabend sein Werk vollbringt. Heutzutage glauben viele, wie schon vor über 125 Jahren, an nichts, was sie nicht sehen können. Aber bedeutet die Tatsache, dass noch niemand den Weihnachtsmann bei der Arbeit gesehen hat, wirklich, dass man an ihn blindlings glauben muss? Vielleicht gibt es einen guten Grund dafür, dass man ihn nicht sehen kann, und man erkennt seine Existenz nur an den Ergebnissen seines Wirkens?

Francis P. Church drückt sich allerdings vor der Beantwortung der Frage, warum man den Weihnachtsmann nicht sehen kann. Vielleicht bewegt sich der Weihnachtsmann einfach zu schnell, um von uns wahrgenommen zu werden? Letztlich kann der *Sun*-Redakteur aber der kleinen Virginia keine wirklichen

Beweise für die Existenz des Weihnachtsmanns liefern und muss lediglich darauf verweisen, dass die unsichtbare Welt von einem Schleier bedeckt sei, den nicht einmal der stärkste Mann auseinanderreißen könne. Die kleine Virginia musste also weiterhin an den Weihnachtsmann glauben.

Die Frage aller Fragen lautet aber: Wie macht der Weihnachtsmann das? In der Sprache von Francis P. Church bedeutet dies, dass wir eben doch die Babyrassel auseinanderreißen und nachsehen wollen, was darin die Geräusche erzeugt. Auch wir sind skeptisch und leben in einer skeptischen Zeit. Wir wollen genau deswegen versuchen, uns dem Phänomen »Weihnachtsmann« mit unserem kleinen Verstand zu nähern, und wollen wissen, wie der Weihnachtsmann sein Werk vollbringt – ohne Wenn und Aber.

Virginia hingegen war bereits vor über 125 Jahren mit der Antwort von Francis P. Church zufrieden. Sie, liebe Leserin oder lieber Leser, wissen aber nach der Lektüre dieses Buches, wie richtig Church mit seinen Aussagen lag, und auch, dass der Weihnachtsmann sicher noch »in zehnmal zehntausend Jahren« seine Geschenke am Heiligen Abend verteilen wird.

In den folgenden Jahren gab es immer wieder Fragen nach dem Weihnachtsmann. 58 Jahre später wurde der Weihnachtsmann abermals von einem kleinen Mädchen gesucht. Am Heiligabend 1955 klingelte das rote

Telefon der US-Luftverteidigung. Der Colonel der United States Air Force Harry Shoup hob ab. Er erwartete einen Angriff und damit den Ernstfall, denn es war eine streng geheime Notfallnummer, die der Anrufer gewählt hatte. »Sir?«, sagte der Colonel. Am anderen Ende der Leitung fragte die leise Stimme eines kleinen Mädchens: »Bist du wirklich der Weihnachtsmann?«

Harry Shoup glaubte zunächst an einen Scherz seiner Soldaten. Doch im Kontrollraum des Continental Air Defense Command im US-Bundesstaat Colorado

wies nichts darauf hin. Seine Männer durchmusterten den Nachthimmel mit ihren Radarschirmen auf der Suche nach anfliegenden sowjetischen Atomraketen. Colonel Shoup entschied sich in diesem Augenblick, den Weihnachtsmann zu spielen. »Warst du ein braves Mädchen?«, fragte er das Kind. Schüchtern lenkte das Stimmchen ab und erzählte, dass für ihn und seine Rentiere Leckereien bereitgestellt seien.

Das rote Telefon klingelte an diesem Weihnachtsabend noch sehr oft. Der Grund war aber zum Glück nicht etwa der beginnende Atomkrieg, sondern eine Anzeige des Versandhauses Sears Roebuck & Co. »Ruft mich auf meiner Privatnummer an«, forderte Santa Claus darin brave Kinder auf. Allerdings war anstelle der Nummer des Weihnachtsmanns die Nummer des Apparats von Harry Shoup angegeben. Ständig meldeten sich nun an diesem 24. Dezember 1955 Kinder. Der Colonel bewies, dass er auch Herr dieser speziellen Lage war, und stellte einige Männer ab, um die Fragen der Kinder zu beantworten. Mithilfe des Radars konnten die Soldaten den Kleinen angeblich sogar genau sagen, wo sich der Weihnachtsmann auf seiner Geschenketour am Heiligen Abend gerade befand.

Den Soldaten bereitete ihre neue Aufgabe viel Spaß. Auf den großen Radarschirm, der die USA und Kanada zeigte, klebten sie einen Weihnachtsmann mit Schlitten. Wie in militärischen Kreisen üblich bekam der

Weihnachtsmann auch einen Codenamen: *Big Red One*. Colonel Shoup meldete bei der lokalen Radiostation die Sichtung eines unbekannten Flugobjekts, das wie ein Schlitten aussehe und sich recht schnell durch die Luft bewege.

Durch dieses Ereignis wurde eine Tradition begründet. Seit 1955 geben die Soldaten des Nordamerikanischen Luft- und Weltraum-Verteidigungskommandos NORAD aus Colorado Springs jedes Jahr zu Weihnachten die Position von Santa Claus durch. Am Anfang ging dies nur per Telefon und Radio, später kam natürlich das Internet hinzu. *NORAD Tracks Santa* heißt das Projekt. Man kann dabei sein, wie Offiziere jede Bewegung scheinbar per Radar beobachten, und sogar Satelliten verfolgen den Weihnachtsmann auf Schritt und Tritt. Hilfreich soll dabei auch die rot glühende Nase des Rentiers Rudolph sein, die sich leicht mit Infrarotkameras detektieren lässt. Sogar Kampfjets der Armee geben dem Schlitten des Weihnachtsmanns angeblich sicheren Geleitschutz.

Inzwischen sitzen etwa 1.200 Freiwillige jedes Jahr in einem NORAD-Callcenter und nehmen Anrufe von Kindern aus der ganzen Welt entgegen. Was die Kleinen besonders bewegt: »Wo ist der Weihnachtsmann jetzt? Und wann wird er bei mir eintreffen?« Auch welche Kekse er und seine Rentiere mögen, fragen sie immer wieder. Den Flug des Weihnachtsmanns können heute alle im Internet unter www.noradsanta.org verfolgen.

Das US-Militär unterhält die jährlich über 100.000 Anrufer mit Fakten zu den Reiseaktivitäten des Weihnachtsmanns: Wie viele Geschenke er insgesamt verteilen und Haushalte er pro Sekunde besuchen muss, welche Gesamtstrecke er dabei zurücklegt und welche Geschwindigkeit sein Schlitten dafür aufbringt. Laut NORAD ist Santas Schlitten schneller als die F-15-

Kampfjets der US-Luftwaffe. Doch bremse der ganz in Rot gewandete ältere Herr die Geschwindigkeit manchmal vorsorglich ab, damit die US-Luftwaffe ihn eskortieren könne, versichern seine militärischen Begleiter. All diese Fakten werden wir hier überprüfen und entsprechende Zahlen auch ganz genau bestimmen.

Colonel Harry Shoup konnte am 24. Dezember 1955 allerdings noch keine exakten Zahlen liefern. Seine Antwort auf die Frage des kleinen Mädchens, wie Santa Claus all die Geschenke verteilen könne, war aber mindestens ebenso gut: »Das ist der Zauber der Weihnacht!«

Aber auch heutzutage wird der Existenz des Weihnachtsmanns mit modernster Technik nachgegangen. Die zehnjährige Scarlett Doumato aus Cumberland im US-Bundesstaat Rhode Island hatte im Jahr 2022 einen raffinierten Plan ausgetüftelt, um herauszufinden, ob es den Weihnachtsmann wirklich gibt. Sie stellte, einer Tradition in den USA folgend, einen Teller mit Keksen und Karotten auf den Tisch, bevor sie vor dem Weihnachtstag ins Bett ging. Am nächsten Morgen waren Kekse und Karotten angebissen. Scarlett Doumato schickte sie der Polizei:

Liebe Polizei von Cumberland, ich habe eine Probe von einem Keks und Karotten genommen, die ich für den Weihnachtsmann und die Rentiere am Weihnachtsabend hingestellt habe, und ich habe mich gefragt, ob Sie eine DNA-Probe nehmen könnten, um zu sehen, ob Santa echt ist?

Die Polizei von Cumberland leitete die vier in durchsichtigen Plastikbeuteln sichergestellten Proben des Mädchens auf Anweisung der Dienststellenleitung direkt an das zuständige Labor des Bundesstaats Rhode Island zur kriminaltechnischen Untersuchung weiter und ließ verkünden: »*Diese junge Lady hat offensichtlich ein ausgeprägtes Gespür für die Wahrheit und den Ermittlungsprozess und hat eine hervorragende Arbeit beim Verpacken ihrer Beweise geleistet. Wir werden unser Bestes tun, um ihr Antworten zu geben.*«

Wenige Tage später lag das Ergebnis vor. Es habe keine völlige Übereinstimmung mit einer DNA in der nationalen Datenbank gegeben. Interessanterweise gebe es eine partielle Übereinstimmung mit einem Fall aus dem Jahr 1947, der sich im Bereich der 34. Straße in New York ereignet hatte, hieß es in der offiziellen Mitteilung der Behörde. Der Weihnachtsfilm »Das Wunder von Manhattan«[5] ist aus dem Jahr 1947, was aber reiner Zufall sein könnte. Schlussendlich konnte man leider trotz modernster Analysetechnik die Anwesen-

5 Der Originaltitel des Films lautet: »Miracle on 34th Street«.

DNA DES WEIHNACHTSMANNES

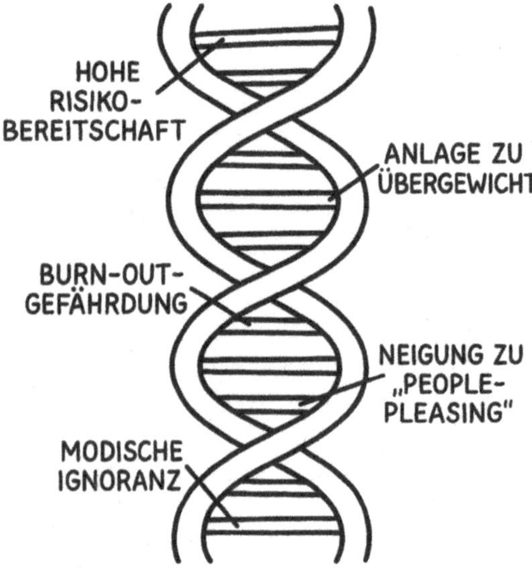

heit des Weihnachtsmanns weder definitiv bestätigen noch widerlegen.

Scarlett sei »etwas irritiert« von den Ergebnissen gewesen, heißt es. Der *Washington Post* verriet sie, dass sie zunächst vermutet hatte, ihre Eltern hätten sich an den Leckereien bedient. Nach den Analysen mit modernster Technik sei ihre Theorie nun, dass der Weihnachtsmann tatsächlich echt sein könnte. Sie werde ihre Ermittlungen im Dezember wieder aufnehmen. Die Polizei von Cumberland wollte hingegen nicht ausschließen, dass dabei »Magie« im Spiel gewesen sein könnte.

Diese drei Geschichten zeigen, dass die Frage nach dem Weihnachtsmann zu jeder Zeit aktuell war und heutzutage sogar aktueller und ungelöster denn je ist. Eine streng wissenschaftliche Analyse auf der Basis der Naturgesetze steht immer noch aus und soll nun endlich geleistet werden!

3.

Wer ist eigentlich der Weihnachtsmann?

Dargestellt wird der Weihnachtsmann zumeist als rundlicher, freundlicher alter Mann mit einem langen weißen Rauschebart. Doch wie rundlich ist der Weihnachtsmann genau? Fettleibigkeit kann jede Berufsgruppe treffen. Zehn beliebte Weihnachtsfilme, Fernsehsendungen und Werbespots wurden von Forschenden im Jahr 2023 analysiert[6] mit zum Teil bestürzenden Ergebnissen. Das Resultat: 90 Prozent der Weihnachtsmänner sind gefährlich übergewichtig. Der dickste findet sich im Film »Nightmare Before Christmas«.[7] Tim Burtons festlicher Schrecken lässt den

6 Diese Analyse wurde von der Online-Ärzteplattform *Zava* durchgeführt. Hierbei wurden Größe und Gewicht der jeweiligen Weihnachtsmänner sorgfältig geschätzt.

7 Stop-Motion-Film von Touchstone Pictures aus dem Jahre 1993, basierend auf einer Geschichte von Tim Burton. Der Film startete am 8. Dezember 1994 in den deutschen Kinos. An den Kinokassen blieb er hinter den Erwartungen zurück.

Weihnachtsmann laut Analyse 1,65 Meter groß sein und 136 Kilogramm wiegen. Das bedeutet, dass sein Body-Mass-Index (BMI) sagenhafte 49,95 beträgt – wahrlich ein Albtraum!

Der BMI berechnet sich dabei aus der Masse des Körpers in Kilogramm, dividiert durch die Körpergröße in Metern zum Quadrat, also $136/1,65^2 = 49,95$. Die Weihnachtsmänner in den Filmen »Der Schneemann«[8] und »Buddy – Der Weihnachtself«[9] haben einen BMI von 45,5 bzw. 44,7. In der berühmten Coca-Cola-Weihnachtswerbung ist der Weihnachtsmann etwa 1,78 Meter groß und wiegt 136 Kilogramm, was einem BMI von 42,9 entspricht.

Zum Vergleich: Ein gesunder BMI liegt zwischen 18 und 25. Personen, die die Werte 25 bis 30 erreichen, gelten als übergewichtig, ab 30 bis 40 als fettleibig. Personen mit einem BMI ab 40 sind stark fettleibig. Unsere Weihnachtsmänner hier sind also allesamt in die Kate-

---

In den folgenden Jahren entwickelte sich »Nightmare Before Christmas« allerdings als VHS- und DVD-Veröffentlichung zu einem Kultfilm.

8 Zeichentrickfilm für Kinder aus dem Jahr 1982. Er handelt von einem Jungen, der am Heiligabend einen Schneemann baut, der zum Leben erwacht und mit dem Jungen zum Nordpol fliegt, um den Weihnachtsmann zu treffen.

9 US-amerikanische Filmkomödie von Jon Favreau aus dem Jahr 2003 mit Will Ferrell in der Hauptrolle.

gorie »stark fettleibig« einzuordnen, oder mit anderen Worten: Sie sind einfach zu dick!

Der schlankste Weihnachtsmann aus den untersuchten zehn Filmen hat in »Das Wunder von Manhattan«[10] seinen Auftritt. Bei einer Größe von 1,67 Metern und einem Gewicht von 79 Kilogramm liegt sein BMI bei nur 28,3. Das bedeutet, dass er der einzige Weihnachtsmann ist, der nicht als stark fettleibig gilt. Allerdings ist er immer noch übergewichtig.

Aber nicht nur der Weihnachtsmann hat Gewichtsprobleme. Weihnachten ist die Zeit, in der »gesündigt« wird. Größere Mengen an Lebkuchen, Zimtsternen, Christstollen, Spekulatius oder anderen Leckereien

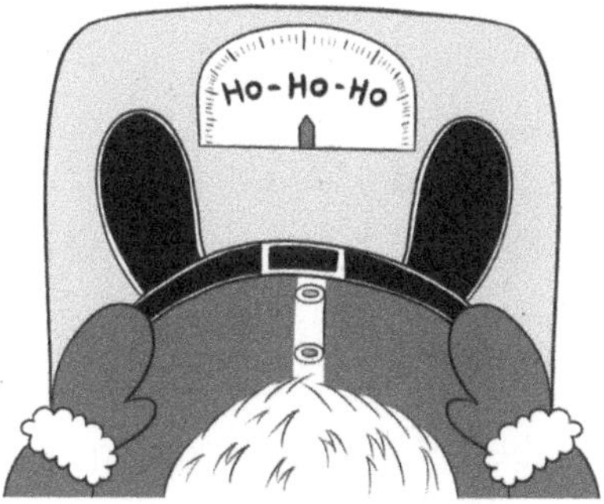

10 Der Originalfilm »Miracle on 34th Street« ist aus dem Jahr 1947. Gemeint ist hier aber die Neuverfilmung aus dem Jahr 1994 mit Richard Attenborough.

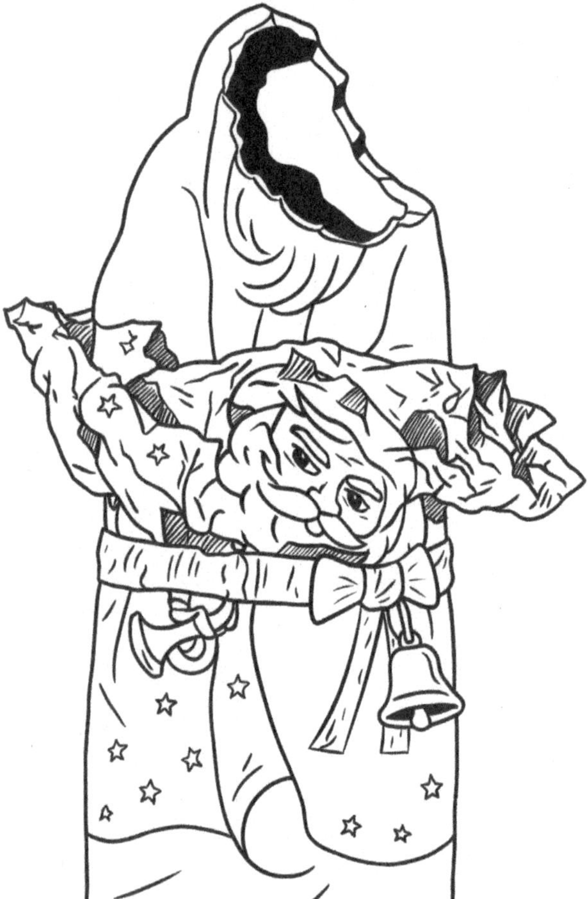

werden vertilgt, ohne dass man auch nur einen Gedanken an den eigenen BMI verschwendet. Nach den Feiertagen kommt dann die nackte Wahrheit dieser Sünden zum Vorschein: Alle in den Monaten vorher strikt eingehaltenen Diätpläne wurden in den wenigen Weihnachtstagen gedankenlos über den Haufen geworfen und führen zu Zahlen auf der Waage, die man vorher nicht für möglich gehalten hätte. Wie kann das sein?

Zur Beantwortung dieser Frage wollen wir ausrechnen, was man tun muss, um einen einzigen Schokoladenweihnachtsmann wieder abzutrainieren. Dafür müssen wir uns etwas genauer über die Einheit der Energie Gedanken machen. Sie wird in Joule, abgekürzt J, gemessen. Häufig kommen auch Bezeichnungen wie Kilojoule (kJ) und Megajoule (MJ) für eintausend bzw. eine Million Joule vor.

Was kann man sich unter einer Energiemenge von einem Joule vorstellen? Ganz einfach: Stellen Sie sich vor, dass Sie einen Schokoladenweihnachtsmann mit einer Masse von 100 Gramm einen Meter hochheben.[11] Dann benötigen Sie dafür eine Energiemenge von genau 1 Joule.[12] Wenn Sie sich nun den Aufdruck

11 70 bis 100 Gramm ist ungefähr die Masse eines mittelgroßen Standard-Weihnachtsmanns von 13 cm Höhe aus dem Supermarkt.

12 Das kann man sich einfach mit der Formel für die potenzielle Energie $E = m \cdot g \cdot h$ ausrechnen. Mit der Masse $m = 0{,}1$ kg,

auf der Weihnachtsmannhülle genau durchlesen, dann ist dort von einem Brennwert von etwa 2300 kJ die Rede, das sind 2,3 Millionen Joule. Wenn Sie den Schokoladenweihnachtsmann essen, dann führen Sie ihrem Körper also 2,3 Millionen Joule an Energie zu. Sie müssten ihn daher nicht nur 5-, 10-, 100- oder 1000-mal anheben, um diese Energiezufuhr wieder loszuwerden. Nein, Sie müssten ihn satte 2,3 Millionen Mal um einen Meter anheben, um diese Energie wieder abzuarbeiten! Wenn jedes Anheben und wieder Absenken um einen Meter auch nur eine Sekunde dauern würde, dann wäre man damit immerhin fast 27 Tage lang ununterbrochen beschäftigt[13] – fast einen Monat lang müsste man also einen 100-Gramm-Schokoladenweihnachtsmann heben und senken, um die durch ihn zugeführte Energie komplett zu verbrauchen. Das scheint recht viel zu sein, ist aber durchaus plausibel, denn vom Schokoladeanheben allein ist noch niemand schlanker geworden, wohl aber kennt jeder den gegenteiligen Effekt vom Schokoladeessen.

---

der Höhe $h = 1$ m und der Erdbeschleunigung $g = 10$ m/s^2 ergibt sich: $E = 1$ Joule. Das Anheben müsste aber mit einem dünnen, sehr leichten Faden, der über eine an der Decke befestigte Rolle geführt wird, durchgeführt werden. Ansonsten würde man im Wesentlichen seinen eigenen Arm anheben, der natürlich weitaus schwerer als 100 Gramm ist.

13 Der genaue Wert lautet 26,62 Tage.

Wenn wir davon ausgehen, dass ein Mensch im Sitzen ungefähr eine Leistung, also einen Energieumsatz pro Zeit, von 100 Watt hat, und diese Leistung auf etwa 150 Watt steigt, wenn man sich hinstellt,[14] dann kann ausgerechnet werden, wie lange wir stehen müssten, um einen Schokoladenweihnachtsmann wieder »abzustehen«. Die Differenz von 50 Watt, also 50 Joule pro Sekunde, zwischen Stehen und Sitzen wird durch die zugeführte Energie des Schokoladenweihnachtsmanns von 2,3 Millionen Joule aufgebracht. Diese Energie würde für 46.000 Sekunden Stehen ausreichen, wie man leicht berechnet. Das entspricht etwas mehr als 12 Stunden.[15] Man müsste sich also »nur« einen halben Tag irgendwo hinstellen, um einen Schokoladenweihnachtsmann wieder durch den erhöhten Energieumsatz loszuwerden.

Aber man muss ja nicht regungslos stehen, sondern kann sich bewegen und somit seinen Energieumsatz weiter steigern. Wenn man beispielsweise mit 4 Kilometer pro Stunde langsam geht, dann wird dafür ungefähr die doppelte Leistung im Vergleich zum Stehen benötigt. Ein sechsstündiger Spaziergang könnte also

---

14 Das sind recht grobe Mittelwerte. Die Zahlen unterscheiden sich für Männer und Frauen und hängen vom jeweiligen Körpergewicht ab. Die verwendeten Zahlen entsprechen einer Person mit einer Masse von ungefähr 75 kg.

15 Genau genommen sind es 12,7 Stunden.

den verspeisten Schokoladenweihnachtsmann wieder wettmachen. Puh, 6 Stunden Spazierengehen für einen einzigen Weihnachtsmann!

Sicher wäre Laufen noch effizienter. Wie weit müsste man also laufen, um Santa Claus wieder von den Hüften zu entfernen? Hier gilt ganz allgemein, dass pro Laufkilometer und pro Kilogramm Körpergewicht etwa eine Kilokalorie,[16] das ist eine Energiemenge von 4,2 Kilojoule, umgesetzt wird.[17] Die Berechnung ergibt nun, dass eine Person mit einer Masse von 75 Kilogramm eine Strecke von 7,3 Kilometern laufen müsste, um den Weihnachtsmann wieder loszuwerden. Wow – 7,3 Kilometer laufen für einen lächerlichen Schokoladenweihnachtsmann von 100 Gramm!

Es gibt aber auch noch angenehmere Dinge, die man machen kann, um einen Schokoladenweihnachtsmann wieder loszuwerden. Laut einem Bericht aus dem

---

16 Eine Kilokalorie (kcal, oftmals einfach nur als Kalorie bezeichnet) ist die benötigte Menge an Energie, die erforderlich ist, um einen Liter Wasser von 14,5 Grad Celsius auf 15,5 Grad Celsius zu erwärmen. Es ist eine veraltete Einheit für die Energie, speziell die Wärmeenergie. Einer Kilokalorie entspricht 4,186 Kilojoule, also ungefähr 4,2 Kilojoule.

17 Eine Berechnung hierzu findet sich z. B. im Buch von Martin Apolin »Mach das! Die ultimative Physik des Abnehmens«, München, 2014.

Fachgebiet der Philematologie,[18] der im Jahr 2013 vom Chefredakteur der Zeitschrift *The American Journal of Medicine* Dr. Joseph S. Alpert, Professor am College of Medicine in Tucson, verfasst wurde, werden durch einen einfachen Kuss 2 bis 3 Kalorien pro Minute und bei einem leidenschaftlichen Kuss durch Anspannung von über 20 Muskeln bis zu 26 Kalorien pro Minute verbrannt. Wenn wir hier vom Maximum ausgehen, dann ergibt eine Berechnung, dass man einen Schokoladenweihnachtsmann durch zwei Wochen ununterbrochenes intensives Küssen[19] loswerden könnte.[20]

18 Die wissenschaftliche Untersuchung des Küssens wird Philematologie genannt. *Philos* bedeutet im Altgriechischen *irdische Liebe*.

19 Zwei Wochen ist natürlich ein sehr langer Zeitraum. Es könnte daher sein, dass anstelle von Kalorien Kilokalorien in der Literatur gemeint sind, wie manche Internetquellen nahelegen. Diese Ungenauigkeit ist insbesondere im medizinischen Bereich weitverbreitet. In diesem Fall würde sich ergeben, dass die Kilokalorien eines verzehrten Schokoladenweihnachtsmanns durch 21 Minuten leidenschaftliches Küssen kompensiert werden könnten. Das erscheint aber wiederum als sehr kurz im Vergleich zum Gehen oder Laufen, sodass davon auszugehen ist, dass wirklich Kalorien gemeint sind.

20 Dies ist auch aus anderen Gründen zu empfehlen, denn Studien haben gezeigt, dass Paare, die sich jeden Morgen küssen, 5 Jahre länger leben und mehr Geld verdienen als Paare, die dieses Morgenritual nicht durchführen.

Okay, das könnte alles recht schwierig werden. Versuchen wir es einmal mit Lebkuchen. Hier haben 100 Gramm dieser weihnachtlichen Leckerei einen Brennwert von nur ungefähr 1.700 Kilojoule. Das wären aber immer noch ein etwa viereinhalbstündiger Spaziergang oder ein Lauf über eine Distanz von 5,4 Kilometern, um diesen Lebkuchen vollständig verschwinden zu lassen. Etwas besser schneiden nur noch Zimtsterne ab. Hier haben 100 Gramm einen Brennwert von 1.500 Kilojoule, was »nur« noch 4,8 Laufkilometern oder einem Spaziergang von etwa 4 Stunden entspricht.

Letztlich kann man es drehen und wenden, wie man möchte: Die weihnachtlichen Sünden können nur durch ein exzessives Sportprogramm in den Tagen danach wettgemacht werden, oder besser noch: Für jeden nicht verzehrten Schokoladenweihnachtsmann muss man auch keine 7,3 Kilometer laufen.

Diese Analyse erklärt aber sofort den katastrophalen BMI des echten Weihnachtsmanns. Er ist auf seiner Tour natürlich ständig der Versuchung ausgesetzt, den einen oder anderen Lebkuchen oder Zimtstern zu verzehren – mit mehr als offensichtlichen Folgen!

4.

Das Jobprofil des Weihnachtsmanns

Die Geschichte vom Weihnachtsmann wird so erzählt, dass er einen magischen Schlitten verwendet, der von fliegenden Rentieren gezogen wird, um allen Kindern an Heiligabend Geschenke zu bringen.[21] Doch halt! Bei genauerem Nachschauen fällt auf, dass der Weihnachtsmann wählerisch ist, denn er bringt nur

21 Irlands Regierungschef Leo Varadkar hat am 14. Dezember 2023 dem Weihnachtsmann offiziell erlaubt, seine Geschenke in Irland zu verteilen. Er sagte im Parlament in Dublin: »*Ich bestätige, dass Santa Claus die Erlaubnis bekommen hat, den irischen Luftraum zu betreten.*« Auch eventuelle Quarantänebestimmungen für die Rentiere und Wareneinfuhrbeschränkungen seien in diesem Fall aufgehoben, hat der Regierungschef verkündet. Es ist nicht bekannt, ob der Weihnachtsmann jemals eine solche offizielle Erlaubnis auch für andere Länder der Welt erhalten hat. Im Jahr 2015 stellte der irische Verkehrsminister sogar sicher, dass genügend Karotten, Milch und Kekse im Land vorhanden waren, um den Weihnachtsmann und seine Rentiere zu versorgen.

den braven Kindern Geschenke. Wenn ein Kind nicht brav war, dann bekommt es lediglich die Rute. Da eine Rute im Vergleich zu sonstigen Geschenken aber recht wenig wiegt, werden wir bei den folgenden Betrachtungen näherungsweise davon ausgehen, dass unartige Kinder vom Weihnachtsmann nichts bekommen. Er muss also nur die Geschenke für die braven Kinder auf seinem magischen Schlitten mit sich führen.

Da sich der Weihnachtsmann mit dem 24. Dezember den Tag von Christi Geburt für seine Taten ausgesucht hat, scheint er auch nur christliche Häuser zu besuchen. Äußerst brave Kinder anderer Religionen werden von ihm offenbar nicht beliefert und gehen leer aus. Der Weihnachtsmann muss daher als Erstes feststellen, wie viele christliche Kinder es auf der Welt gibt.

Dies führt zunächst zu der Frage: Wie viele Kinder bzw. Haushalte gibt es überhaupt, die der Weihnachtsmann prinzipiell besuchen könnte? Übereinstimmenden Berichten zufolge kommt er nicht mehr zu Kindern, die älter als 10 Jahre sind.[22] Von den 8,2 Milliarden Menschen, die im Jahr 2024 auf der Welt lebten, waren 1,5 Milliarden unter 10 Jahre alt und somit potenzielle Empfänger von Geschenken durch den Weihnachtsmann. Allerdings müssen wir nun noch berücksichtigen, dass nur 31,2 % der Weltbevölkerung Christen sind, was die Aufgabe für den Weihnachtsmann von 1,5 Milliarden auf nur noch 468 Millionen

---

22 Kinder, die über 10 Jahre alt sind und behaupten, dass der Weihnachtsmann zu ihnen käme, wird dringend empfohlen, sich einmal mit ihren Freunden genauer darüber zu unterhalten. Bei einer Umfrage eines kanadischen Arztes unter 45 Krankenhauskindern, die im *Canadian Medical Association Journal* im Dezember 2002 veröffentlicht wurde, kamen in der Altersgruppe der Vier- bis Siebenjährigen erste Zweifel an der Existenz des Weihnachtsmanns auf. Immerhin 80 Prozent der Befragten glaubten aber noch an den Mann mit dem Bart. Bei den Kindern bis vier Jahren waren es sogar satte 100 Prozent.

Kinder zusammenschrumpfen lässt. Weiterhin befinden sich in christlichen Haushalten im Durchschnitt etwa 2 Kinder, sodass sich der Besuch des Weihnachtsmanns auf 234 Millionen Haushalte an Heiligabend weiter reduziert. Dabei gehen wir im Folgenden davon aus, dass mindestens eines dieser beiden Kinder im letzten Jahr brav gewesen ist und mit einem Geschenk rechnen kann.

Der Weihnachtsmann muss also 234 Millionen Wohnzimmer am 24. Dezember mit seinem von fliegenden Rentieren gezogenen, magischen Schlitten besuchen. Da ein Tag 24 Stunden hat, was insgesamt 86.400 Sekunden entspricht, folgt, dass er 2708 Besuche pro Sekunde absolvieren muss! Somit hat der Weihnachtsmann für jeden christlichen Haushalt mit mindestens einem braven Kind etwa eine 2708stel-Sekunde Zeit für seine Arbeit.

Wenn der bärtige Herr es aber geschickt anstellt, dann kann er sogar noch etwas mehr Zeit für sich rausholen. Nehmen wir einmal an, dass er sich von Osten nach Westen, also entgegen der Erdrotation, bewegt. Diesen Effekt kennt jeder, der beispielsweise schon einmal von Frankfurt nach New York geflogen ist. Man steigt um 11 Uhr in Frankfurt ins Flugzeug und kommt um 14 Uhr Ortszeit in New York an. Obwohl der Flug 9 Stunden gedauert hat, sind an dem Tag wegen der Zeitverschiebung bisher nur 3 Stunden vergangen. Auf diese Art kann der Weihnachtsmann ebenfalls versuchen, den Heiligen Abend für seine Wohltaten zeitlich etwas zu strecken.

Wenn wir nun annehmen, dass er diesen Effekt bei seiner Reise um die Welt so ausnutzt, dass er 8 Stunden gewinnt, dann hat er insgesamt 32 Stunden, um seine Arbeit zu verrichten. Die gleiche Berechnung wie vorher würde jetzt ergeben, dass er nun »nur« etwa 2.000 Besuche pro Sekunde zu absolvieren hat.[23] Somit hat dieser bei seiner Reise sehr clever vorgehende Weihnachtsmann für jeden christlichen Haushalt mit mindestens einem braven Kind etwa eine 2000stel-Sekunde, oder anders ausgedrückt: eine halbe Millisekunde, Zeit für seine Arbeit. Zum Vergleich: Eine Millisekunde ist die typische Blitzdauer bei Foto-Blitzgeräten, 2,27 Millisekunden ist die Periodendauer des Kammertons a in der Musik,[24] und der Flügelschlag einer Stubenfliege dauert sogar ganze 3 Millisekunden. In einem Sechstel der Zeit, die einem Flügelschlag einer Stubenfliege entspricht, muss der Weihnachtsmann also seine Arbeit verrichten: parken, aus dem Schlitten springen, den Schornstein runterklettern, die Socken füllen, die übrigen Geschenke unter

23 Ganz genau sind es 2031.

24 Das entspricht einer Frequenz von 440 Hz, also 440 Schwingungen pro Sekunde.

dem Weihnachtsbaum verteilen, alle übrig gebliebenen Reste des Weihnachtsessens vertilgen, den Schornstein wieder raufklettern und zum nächsten Haus fliegen – das ist ambitioniert, aber prinzipiell nicht ausgeschlossen.

Studien haben gezeigt, dass das menschliche Auge maximal etwa 50 Bilder pro Sekunde aufnehmen und verarbeiten kann. Da der Weihnachtsmann aber 2.000 Haushalte pro Sekunde besuchen muss, was immerhin einen Faktor 40 oberhalb der maximalen Bildfrequenz liegt, die ein Mensch auflösen kann, hat man somit keine Chance, ihn bei seiner Arbeit zu beobachten. Diese Überlegung erklärt völlig zwanglos, warum der Weihnachtsmann an Heiligabend immer schon weg ist, wenn die Kinder ihre Geschenke unter dem Weihnachtsbaum bemerken. Er hat es eben sehr, sehr eilig, und so hat es der *New York Sun*-Redakteur Francis P. Church auch schon der kleinen Virginia im Jahr 1897 erklärt: Nur weil man den Weihnachtsmann noch nicht gesehen hat, heißt das noch lange nicht, dass es ihn nicht gibt. Der kleinen Detektivin Scarlett Doumato aus Cumberland war dies offenbar im Jahr 2022 bereits klar, denn sie ist schlafen gegangen, als der Weihnachtmann kam. Sie hat offenbar gewusst, dass Santa Claus viel zu schnell für das menschliche Auge ist und es daher keinen Sinn macht, ihn auf frischer Tat ertappen zu wollen. Sie wollte ihn anhand seiner Spuren überführen, die er bei seiner Tätigkeit hinterlässt. In Anbetracht der vorherigen Analyse eine äußerst clevere, wissenschaftlich zweifelsfrei begründete Herangehensweise!

5.

Physikalische Grundlagen

Zur Erklärung, wie es der Weihnachtsmann am Heiligen Abend schafft, seine Geschenke zu verteilen, werden wir zunächst die sogenannte klassische Mechanik heranziehen. Sie basiert auf drei Axiomen, die Isaac Newton 1687 in seinem bahnbrechenden Werk »Philosophiae Naturalis Principia Mathematica« dargelegt hat.[25] Mithilfe dieser drei Gesetze können alle mechanischen Vorgänge, seien es atemberaubende Bewegungen durch die Luft, spektakuläre Abbremsmanöver

25 Das Original der »Principia« wurde in lateinischer Sprache abgefasst. Isaac Newton gab neben den Fundamenten der klassischen Mechanik mit den drei Gesetzen (Axiomen) der Bewegung auch das Gesetz zur Beschreibung der Schwerkraft an. Auch führte er die Konzepte von absoluter Zeit, absolutem Raum und der Fernwirkung von Kräften ein, die für das naturwissenschaftliche Weltbild bis zur Relativitätstheorie Albert Einsteins 1905 und der Entwicklung der Quantenmechanik 1925 prägend waren.

oder auch der Start einer Rakete beschrieben werden. Sie lauten:

1. Ein Körper bewegt sich geradlinig und mit konstanter Geschwindigkeit, wenn keine Kraft auf ihn einwirkt.
2. Die zeitliche Änderung des Impulses eines Körpers ist gleich der auf ihn einwirkenden Kraft. Dabei ist der Impuls gegeben durch das Produkt aus der Masse und der Geschwindigkeit.
3. Wenn zwei Körper miteinander in Wechselwirkung stehen, dann ist die Kraft, die der erste auf den zweiten ausübt, gleich der Kraft, die der zweite auf den ersten ausübt, oder kurz: actio = reactio.

Drei Axiome werden also benötigt, um die Arbeit des Weihnachtsmanns zu beschreiben. Mit diesen nur drei relativ einfachen Gesetzen lassen sich wirklich alle mechanischen Vorgänge in der Natur verstehen, solange die Geschwindigkeiten nicht zu groß werden. Erst wenn sich Körper annähernd mit Lichtgeschwindigkeit bewegen, verlieren die Newtonschen Axiome ihre Gültigkeit und müssen durch die Gesetze der Speziellen Relativitätstheorie von Albert Einstein, die er im Jahr 1905 gefunden hat, ersetzt werden.[26] Um den Weih-

26 Die Spezielle Relativitätstheorie basiert auf zwei wesentlichen Prinzipien: (1) Die Lichtgeschwindigkeit ist konstant

nachtsmann zu verstehen, brauchen wir aber nicht die Spezielle Relativitätstheorie. Er bewegt sich zwar häufig sehr schnell, aber im Vergleich zu den 300.000 Kilometern pro Sekunde der Lichtgeschwindigkeit dann eben doch nicht soooo schnell. Dies wird aber noch genauer erläutert, wenn wir uns den fliegenden Rentieren zuwenden und deren Geschwindigkeit berechnen.

Das 1. Newton-Axiom wird auch Trägheitsgesetz genannt, denn wenn ein Körper einmal eine Geschwindigkeit hat, dann behält er diese bei, solange keine Kraft auf ihn einwirkt. Im Weltraum sollte sich der Schlitten des Weihnachtsmanns, wenn er bereits eine bestimmte Geschwindigkeit hat und nicht weiter beschleunigt wird, immer mit dieser Geschwindigkeit geradlinig weiterbewegen, denn es wirkt dort keine Reibungskraft, wie etwa der Luftwiderstand in der Atmosphäre der Erde, die die Bewegung abbremsen könnte.

Das 2. Newtonsche Axiom, welches manchmal ver-

---

und unabhängig von der Bewegung der Lichtquelle. (2) Die Naturgesetze sind überall im Universum gleich, oder vornehmer ausgedrückt, sie sind kovariant. Dies bedeutet, dass, wenn sich zwei Systeme mit einer konstanten Geschwindigkeit relativ zueinander bewegen, die Naturgesetze in beiden Systemen gleich sind. Gerade dieses zweite Prinzip bedeutet, dass der Weihnachtsmann sich eben auch den Gesetzen der Physik, wie wir sie bisher erkannt haben, unterwerfen muss, egal, wo er sich aufhält und wie er sich bewegt.

wirrenderweise auch als Trägheitsgesetz bezeichnet wird, findet man sehr häufig in einer speziellen Variante, denn oftmals ändert sich die Masse eines Körpers bei seiner Bewegung nicht.[27] Dann kann dieses Axiom einfach geschrieben werden als:

2' Kraft = Masse · Beschleunigung

Um die auf einen Körper einwirkende Kraft zu berechnen, muss man also nur seine Masse kennen und seine Geschwindigkeitsänderung pro Zeit. Letzteres ist nämlich die Definition des Begriffes »Beschleunigung« in der Physik. Das 2. Newton-Axiom in dieser Form werden wir später verwenden, um die Kraft auszurechnen, die auf den Weihnachtsmann beim Verteilen der Geschenke einwirkt.

Der Weihnachtsmann wird immer als übergewichtig beschrieben. Er wiegt somit sicher mehr als 100 Kilogramm, wobei wir jetzt erst einmal ganz grob von dieser Zahl ausgehen wollen.[28] Genau genommen müsste

---

27 Eine sehr wichtige Ausnahme, bei der sich also die Masse eines Körpers mit der Zeit sogar stark ändert, ist die Bewegung einer Rakete. Für die Berechnung der Bewegung einer Silvesterrakete, die eine Woche nach Heiligabend in den Himmel schießt, muss daher das 2. Newton-Axiom in der Originalform verwendet werden.

28 Wir haben die genaue Masse des Weihnachtsmanns schon analysiert und gesehen, dass 100 Kilogramm als Schätzung lächerlich wenig ist.

man davon sprechen, dass seine Masse 100 Kilogramm beträgt. Sein Gewicht, genauer seine Gewichtskraft, ist dann gleich seiner Masse $m = 100$ kg multipliziert mit der Erdbeschleunigung $g = 9{,}81\ m/s^2$, also 100 kg · $9{,}81\ m/s^2 = 981$ Newton. Da die Erdbeschleunigung aber konstant ist, braucht generell zwischen der Masse und dem Gewicht eines Körpers nicht unterschieden zu werden. So werden wir es im ganzen Buch auch handhaben. Außerdem ist der Wert der Erdbeschleunigung so nahe am Wert 10, dass wir immer einfach $g = 10\ m/s^2$ setzen werden, ohne einen großen Fehler in unseren Berechnungen zu verursachen.

Die Maßeinheit der Kraft ist Newton. 1 Newton ist die Kraft, die benötigt wird, um die Geschwindigkeit einer Masse von 1 Kilogramm innerhalb von 1 Sekunde um 1 Meter pro Sekunde zu verändern. Dies ist eine recht sperrige und unanschauliche Angabe. Kräfte werden daher am besten verglichen mit der Gewichtskraft, die eine entsprechende Masse ausüben würde. Wenn man sich beispielsweise fragt, ob 4.000 Newton eine große Kraft ist, dann folgt aus dem 2. Newtonschen Axiom und $g = 10\ m/s^2$ einfach, dass diesem Wert die Gewichtskraft einer Masse von 400 Kilogramm entspricht. Sollte also der Weihnachtsmann mit dieser Kraft von 4.000 Newton belastet werden, dann wäre es so, als ob man ihm 400 Kilo oder 8 Säcke Kartoffeln à 50 Kilo auf seine Schultern legen würde. Er würde also durch eine eher große Kraft belastet, wie der Vergleich mit der Gewichtskraft zeigt.

Die drei Newtonschen Axiome sind Naturgesetze. Sie gelten also universell und überall, zu jeder Zeit und in jedem Zusammenhang. Selbst ein Weihnachtsmann kann sie nicht übergehen. Was das für ihn genau bedeutet, werden wir später noch sehen. Das heißt aber nicht, dass es keine weiteren Erkenntnisse mehr geben kann. Die Newtonschen Axiome sind ein gutes Beispiel dafür. Mit ihnen konnte man mehr als 200 Jahre lang alle mechanischen Vorgänge auf der Erde mit großer Genauigkeit erklären, bis Albert Einstein im Jahr 1905 darüber nachdachte, was passiert, wenn sich ein Körper extrem schnell bewegt.

Mit »extrem schnell« sind hier Geschwindigkeiten nahe der Lichtgeschwindigkeit gemeint, die mit 300.000 Kilometern pro Sekunde so groß ist, dass alle Geschwindigkeiten des Alltags sehr klein dagegen sind.[29] Für solche Geschwindigkeiten müssen die Gesetze Newtons, wie schon erwähnt, durch die Gesetze

---

29 Die Lichtgeschwindigkeit ist exakt $c = 299.792{,}458$ km/s. Sie ist seit 1983 auf diese Zahl festgesetzt. Die Lichtgeschwindigkeit ist eine der sieben Konstanten, die seit der Reform von 2019 das Internationale Einheitensystem (SI) definieren. Sie ist die größte mögliche Geschwindigkeit. Nichts kann sich schneller ausbreiten als das Licht, nicht einmal Informationen und schon gar nicht der Weihnachtsmann.

der Speziellen Relativitätstheorie ersetzt werden – aber auch nur dann.

Eine kuriose Folge der Speziellen Relativitätstheorie ist übrigens, dass die Zeit keine absolute Größe mehr ist, die immer gleichmäßig abläuft, sondern sie hängt vom Bewegungszustand ab. Wenn man sich schneller bewegt, dann vergeht die Zeit langsamer. Dieser Effekt kann auch gemessen werden, er ist jedoch wegen der verhältnismäßig geringen Geschwindigkeiten, die Körper auf der Erde haben, nur winzig klein und damit für unseren Alltag so gut wie immer irrelevant.

Aber ganz irrelevant ist die Relativitätstheorie heutzutage eben doch nicht, denn die Genauigkeit unserer modernen Navigationssysteme von wenigen Metern hängt davon ab, dass die Effekte dieser Theorie bei der Positionsbestimmung mitberücksichtigt werden.[30] Ohne die Erkenntnisse von Albert Einstein könnten Navigationssysteme nicht genauer als ein paar Kilometer sein.

Erst seit Anfang des 20. Jahrhunderts kann der Weihnachtsmann also seine Geschenke zielgerichtet in die Wohnungen der braven Kinder bringen. Dies erklärt, warum die Verbreitung der Geschichte vom

30 Hierfür fließen aber auch noch weitere Korrekturen mit ein, die durch die von Einstein erst im Jahr 1916 entwickelte Allgemeine Relativitätstheorie erklärt werden.

Weihnachtsmann, der seine Gaben mit einem fliegenden Schlitten am Heiligen Abend verteilt, erst im 20. Jahrhundert so richtig an Fahrt aufgenommen hat. Vorher ist er mangels eines funktionierenden Navigationssystems offenbar häufiger planlos umhergeirrt und hat sein Ziel nicht immer erreicht.

6.

Der Weihnachtsmann auf gefährlicher Mission

Nun werden wir etwas genauer untersuchen, wie der Weihnachtsmann seine Aufgabe an Heiligabend zu lösen versucht. Zunächst halten wir fest: Keine bekannte Spezies der Gattung Rentier kann fliegen. Aber es gibt wahrscheinlich noch Millionen Spezies von lebenden Organismen, die noch nicht klassifiziert sind. Obwohl es sich dabei hauptsächlich um Insekten und Bakterien handeln sollte, schließt dies nicht mit letzter Sicherheit die Existenz fliegender Rentiere aus, die nach unabhängigen Berichten dem Weihnachtsmann als Verkehrsmittel dienen.[31]

Wie wir vorher ausgerechnet hatten, muss der Weihnachtsmann also mit seinem Schlitten, der von

---

31 Aber es werden auch heutzutage noch größere Tiere entdeckt. Spektakulär war der Fund einer neuen Raubkatzenart. Die Nariño-Katze (Leopardus narinensis) wurde 2023 in Kolumbien entdeckt und erstmalig beschrieben und hat die Größe einer Hauskatze.

Rangifer tarandus
(Gemeines Rentier)

Rangifer volans
(Fliegendes Rentier)

den fliegenden Rentieren gezogen wird, 234 Millionen Wohnungen anfliegen und seine Geschenke verteilen. Die Landmasse der Erde hat eine Fläche von 149,4 Millionen Quadratkilometern. Wenn wir alle 234 Millionen Stopps gleichmäßig auf diese Fläche verteilen würden, dann würde sich eine Fläche von 149,4/234 = 0,638 Quadratkilometern ergeben, die für jedes Haus zur Verfügung steht. Dies entspricht dann einem mittleren Abstand von fast 800 Metern von Haus zu Haus.[32]

Da aber nicht jedes Kind, welches vom Weihnachts-

32 Der genaue Wert ist 798,75 Meter.

mann beschenkt wird, in einem Einfamilienhaus wohnt, und auch nicht alle Wohnungen gleichmäßig über die Erde verteilt sind, sondern im Gegenteil sicher viele Kinder auch in Wohnblocks in den großen Städten dieser Welt untergebracht sind, sind die 800 Meter eine Maximalzahl. Im Jahr 2023 lebten nämlich bereits 57 Prozent der Weltbevölkerung in Metropolen. Daher müssen wir für unsere Berechnung von einem deutlich geringeren mittleren Abstand von nur etwa 350 Metern zwischen zwei braven Kindern ausgehen.

Mit der Anzahl braver Kinder ergibt sich nun eine Gesamtentfernung von etwa 81,9 Millionen Kilometern, die der Weihnachtsmann am 24. Dezember zurückzulegen hat, nicht mitgerechnet die Unterbrechungen für das, was jeder von uns mindestens einmal in 32 Stunden tun muss, plus Essen und sonstige Kleinigkeiten, die bei einer solchen Reise auftreten können.

Aus einer Strecke von 81,9 Millionen Kilometern, die in 32 Stunden zurückgelegt werden muss[33], ergibt sich eine Geschwindigkeit von 711 Kilometern pro Sekunde für den Weihnachtsmann mit seinen fliegenden Rentieren, die den Schlitten ziehen. Das kommt etwa der

33 Zur Erinnerung: Wir nehmen an, dass sich der clevere Weihnachtsmann gegen die Erdrotation bewegt und so 8 Stunden gewinnt. Er hat daher am 24. Dezember anstelle von 24 Stunden sogar 32 Stunden Zeit, um sein Werk zu vollenden.

2.000-fachen Schallgeschwindigkeit gleich.[34] Wow – das ist ganz schön schnell! Zum Vergleich: Die schnellsten Fahrzeuge auf der Erde bewegen sich mit etwa 1 Kilometer pro Sekunde, was gut der dreifachen Schallgeschwindigkeit entspricht. Ein gewöhnliches Rentier schafft höchstens 80 Kilometer pro Stunde, das sind nur 0,022 Kilometer pro Sekunde. Selbst die schnellsten Raketen, die man je ins Weltall geschickt hat, fliegen »nur« mit etwa 15 Kilometern pro Sekunde.[35]

Der Weihnachtsmann bewegt sich also am Weihnachtstag fast 50-mal schneller als die schnellsten Raumfahrzeuge, die die Menschheit jemals gebaut hat. Damit erweist sich auch die Aussage des US-Militärs als glaubhaft, dass der Weihnachtsmann seine Fahrt etwas

---

34 Die genaue Geschwindigkeit des eilenden Weihnachtsmanns ist 710,94 km/s oder 2,56 Millionen Kilometer pro Stunde. Das ist die 2073-fache Schallgeschwindigkeit, die in Luft 343 Meter pro Sekunde beträgt.

35 Die Raumsonde New Horizons, die am 19. Januar 2006 mit einer Atlas-V-Trägerrakete von der Cape Canaveral Air Force Station gestartet wurde, ist mit 16,2 km/s das schnellste Objekt, welches jemals von der Erde gestartet wurde. Im Guinnessbuch der Rekorde steht, dass die Raumsonde Parker Solar Probe am 27. September 2023 sogar eine Geschwindigkeit von 176 km/s erreicht hat, die größte gemessene Geschwindigkeit, die ein von Menschen hergestelltes Objekt bisher jemals erreichte. Diese Geschwindigkeit hat die Sonde aber erst durch mehrere Vorbeiflüge an der Venus mit sogenannten Swing-by-Manövern aufgenommen.

abbremsen muss, damit ihn F-15-Flugzeuge eskortieren können. Zwar fliegen F-15-Kampfjets mit 3.000 Kilometern pro Stunde rasend schnell, aber das entspricht nicht einmal 1 Kilometer pro Sekunde und ist damit lächerlich wenig im Vergleich zu den 711 Kilometern pro Sekunde des Weihnachtsmanns.

Diese ungeheuer große Geschwindigkeit kann man sich auch noch so veranschaulichen: Ein Wimpernschlag dauert etwa eineinhalb Zehntelsekunden. In dieser Zeit würde sich der Weihnachtsmann mit seinem Schlitten etwa 100 Kilometer weiterbewegen.[36] Er könnte also innerhalb eines Wimpernschlages von Hamburg nach Bremen, von Dortmund nach Köln oder von München nach Salzburg reisen!

Müssen wir bei dieser Geschwindigkeit eigentlich schon relativistische Effekte berücksichtigen? Nein, denn die Lichtgeschwindigkeit beträgt 300.000 Kilometer pro Sekunde. Dagegen ist selbst die unglaubliche Geschwindigkeit von 711 Kilometern pro Sekunde, mit der unser Weihnachtsmann unterwegs sein muss, relativ klein. Er bewegt sich nur mit 2,4 Promille der Lichtgeschwindigkeit. 2,4 Promille wären in anderen weihnachtlichen Zusammenhängen, etwa als Ergebnis eines exzessiven Treibens an einem Glühweinstand, durchaus beachtlich, aber für die Relativitäts-

---

36 Ganz genau sind es 106,65 km.

theorie völlig irrelevant. Hier müsste man erst so ab 10 Prozent anfangen über nennenswerte Effekte nachzudenken. Daher können wir die relativistische Zeitdilatation, die dazu führt, dass für einen bewegten Beobachter die Zeit langsamer verläuft, trotz der enormen Geschwindigkeit des Weihnachtsmanns sicher vernachlässigen. Man könnte glauben, dass er dadurch mehr Zeit zum Verteilen der Geschenke hat, schließlich vergeht für ihn die Zeit langsamer als für die Kinder, die er beschenkt. Bei seiner Geschwindigkeit von 711 Kilometern pro Sekunde macht dieser Effekt für ihn aber nur etwas mehr als 3 Zehntelsekunden aus, sodass sich seine Arbeit durch die Relativitätstheorie nur unwesentlich erleichtert.[37]

Nun wenden wir uns der Ladung des Schlittens zu. Angenommen, jedes brave Kind bekommt nicht mehr als ein mittelgroßes Lego-Set mit einer Masse von ca. 1 Kilogramm, was angesichts der heutigen Ansprüche als lächerlich wenig erscheint,[38] dann hätte der Schlitten ein Gewicht von immerhin 234.000 Tonnen! Dabei wurde der Weihnachtsmann selbst nicht mitgerechnet, der übereinstimmend als stark übergewichtig mit einem Body-Mass-Index von weit über 30 beschrieben wird, wie wir schon gesehen haben.

---

37 Dies berechnet man mit der Formel für die relativistische Zeitdilatation $\Delta t' = (1 - v^2/c^2)^{1/2} \cdot \Delta t$. Dabei ist $v = 711$ km/s die Geschwindigkeit des Weihnachtsmanns, $c = 300.000$ km/s die Lichtgeschwindigkeit und $\Delta t = 115.200$ Sekunden = 32 Stunden. Es ergibt sich dann ein Gewinn von $\Delta t - \Delta t' =$ 0,32 Sekunden für unseren Freund, den ihm die Relativitätstheorie für seine Arbeit am Heiligen Abend verschafft.

38 Es gibt den Eiffelturm auch als Lego-Set mit über 10.000 Teilen und einer Masse von über 10 Kilogramm. Solche überdimensionierten Geschenke gleichen all die Kinder aus, die zu Weihnachten mit einem Gutschein oder Geldgeschenken bedacht werden. Die Absatzwirtschaft hat veröffentlicht, dass die beliebtesten Geschenke in Deutschland Lebensmittel und Getränke (65 Prozent) sind, gefolgt von Kleidung, Schuhen und Accessoires (52 Prozent). Bücher, Spielzeug, Kosmetik und Geldgeschenke liegen mit 51 Prozent auf Platz drei (Stand Dezember 2024, www.absatzwirtschaft.de).

Ein gewöhnliches Rentier mit einer Masse von etwa 200 Kilogramm kann nicht mehr als 175 Kilogramm ziehen. Selbst unter der Annahme, dass ein fliegendes Rentier mit 2.000 Kilogramm mehr als das Zehnfache ziehen könnte, bräuchte der Weihnachtsmann für seinen vollen Schlitten nicht 8 oder vielleicht 9 Rentiere, wie in vielen Überlieferungen beschrieben wird,[39] sondern die immense Anzahl von 117.000 Rentieren! Das erhöht das Gesamtgewicht – den Schlitten selbst noch nicht einmal eingerechnet – auf 257.400 Tonnen. Damit wiegt der gesamte Tross des Weihnachtsmanns ungefähr so viel wie 26 Eiffeltürme[40] oder eine Icon of the Seas, das größte Kreuzfahrtschiff der Welt. Es ist am 27. Januar 2024 zum ersten Mal in See gestochen und bringt eine Masse von 250.800 Tonnen auf die Waage.

39 Acht Rentiere ziehen den Schlitten des Weihnachtsmanns – so steht es in dem Gedicht von Clement Clarke Moore »The Night Before Christmas«. Sie heißen: Dasher, Dancer, Prancer, Vixen, Comet, Cupid, Donner und Blitz. Das wohl berühmteste Rentier Rudolph kam erst später dazu. Ihm wurde sogar ein ganzes Lied »Rudolph, the Red-Nosed Reindeer« (Rudolph, das Rentier mit der roten Nase) sowie 1998 ein Zeichentrickfilm gewidmet.

40 Die Masse des Eiffelturms beträgt ziemlich genau 10.000 Tonnen. Man könnte also für die runde Zahl von 10.000 Tonnen die Masseeinheit »Eiffelturm« einführen, um die Masse besonders schwerer Gegenstände zu veranschaulichen.

Auch die Länge des Rentiergespanns vor dem Schlitten des Weihnachtsmanns wäre beeindruckend. Wenn wir davon ausgehen, dass immer 2 Rentiere nebeneinander laufen bzw. fliegen, wie es die Überlieferungen andeuten, und ein Rentier ungefähr 2 Meter lang ist, dann würde der gesamte Tross immerhin eine Länge von 117 Kilometern haben, den Schlitten selbst wieder nicht mit eingerechnet. Diese gigantischen Ausmaße würden erklären, dass es auf der ganzen Welt offenbar doch immer wieder vereinzelt zu Sichtungen des Weihnachtsmanns gekommen sein soll, obwohl er sich so rasend schnell bewegen muss, um sein Werk an nur einem Tag zu vollenden. Auch wird dadurch die Aufgabe des amerikanischen Militärs deutlich vereinfacht, seit 1955 den Weihnachtsmann an Heiligabend bei seiner Arbeit per Radar auf der ganzen Welt zu verfolgen.

Der 257.400 Tonnen schwere und insgesamt 117 Kilometer lange Pulk mit dem Schlitten, den Rentieren und dem Weihnachtsmann bewegt sich also mit einer wahnsinnigen Geschwindigkeit von 711 Kilometern pro Sekunde durch die Lüfte. Wir fragen jetzt nicht danach, wie es der Weihnachtsmann geschafft hat, dieses riesige Gespann auf so eine große Geschwindigkeit zu beschleunigen, und gehen auch davon aus, dass er dies zunächst im Weltraum getan hat, um dem Luftwiderstand zu entgehen. Er braucht dafür eine Energiemenge von 65.000 Petajoule.[41] Ist das viel? Ja, sehr viel sogar. Die gesamte in Deutschland im Jahr 2024 verbrauchte Energiemenge betrug etwa 10.000 Petajoule.[42] Der Weihnachtsmann benötigt also mehr als die sechsfache Energiemenge, die in Deutschland innerhalb eines ganzen Jahres verbraucht wird, um seinen Schlitten mit den Geschenken auf die benötigte Geschwindigkeit zu beschleunigen![43]

Jedes einzelne der 117.000 Rentiere müsste daher ungefähr 556.000 Gigajoule an Energie aufbringen,[44] um die Gesamtenergie zum Antrieb des Schlittens zu liefern. Diese Energiemenge geben 6 große Kohle- oder

41 Dies berechnet man einfach mit der Formel $E = ½ mv^2$ für die kinetische Energie eines Körpers der Masse m, der sich mit der Geschwindigkeit v bewegt. Genau genommen ergibt sich ein Zahlenwert von 65.060 Petajoule.

42 Die Vorsilbe »Peta« bedeutet 10^{15}, also eine Billiarde. Das ist eine 1 mit 15 Nullen oder eine Million mal eine Milliarde. Wenn man einen $m = 100$ kg schweren Weihnachtsmann nach der berühmten Einstein-Formel $E = m \cdot c^2$ komplett in Energie verwandeln könnte, dann ergäbe sich eine Energiemenge von $E = 9.000$ Petajoule. Theoretisch könnte man also mit nur einem (eher untergewichtigen!) Weihnachtsmann fast den gesamten Energiebedarf Deutschlands für ein Jahr decken!

43 Die Energiemenge von 65.000 Petajoule, die man benötigt, um den Schlitten des Weihnachtsmanns anzutreiben, entspricht der Energie, die 412.600 große 5-Megawatt-Windkraftanlagen in einem Jahr produzieren würden.

44 Genau genommen sind es 556.073 Gigajoule.

Atomkraftwerke mit einer Leistung von 1 Gigawatt innerhalb eines Tages ab.[45] Ein normales Rentier hingegen, welches eine Masse von 175 Kilogramm ziehen und sich dabei mit 80 Kilometern pro Stunde bewegen kann, würde dafür eine Energiemenge von etwas mehr als 3 Gigajoule pro Tag benötigen.[46] Selbst wenn wir annehmen, dass ein fliegendes Rentier die zehnfache Energiemenge aufbringen kann, dann ist die benötigte Menge pro Rentier immer noch 16.550-mal größer als dieser Wert. Daraus können wir nur schließen, dass der Schlitten des Weihnachtsmanns neben den Rentieren noch einen weiteren Antrieb aufweisen muss. Andernfalls könnte der Weihnachtsmann seinen Job nicht machen.

Dafür muss er mit seinem Schlitten allerdings in die Erdatmosphäre eintreten und erzeugt aufgrund der riesigen Geschwindigkeit von 711 Kilometern pro Sekunde einen ungeheuren Luftwiderstand.

---

45 Es sind sogar 6,43 Kraftwerke.

46 Dies wurde so berechnet: Einer Masse von $m = 175$ kg entspricht eine Gewichtskraft von $F = 1.750$ N. Die Leistung P, also die Arbeit pro Zeit, die man aufbringen muss, um einen Körper, auf den die Kraft F einwirkt, mit der Geschwindigkeit $v = 80$ km/h zu bewegen, berechnet sich so: $P = F \cdot v = 38.888$ W. Dies multipliziert mit den 86.400 Sekunden, die ein Tag dauert, ergibt eine Energiemenge von 3,36, also ungefähr 3 Gigajoule.

Dabei werden die Rentiere aufgeheizt, genauso wie man es von Raumschiffen, die wieder in die Erdatmosphäre eintreten, kennt.[47] Dies könnte der Grund dafür sein, dass die Nase des vordersten Rentiers Rudolph übereinstimmend als »rötlich leuchtend« beschrieben

47 Raumschiffe wie die Apollo-Kapseln drangen allerdings nur mit etwa 10 Kilometer pro Sekunde beim Wiedereintritt in die Erdatmosphäre ein.

wird. Sie heizt sich als Erstes beim Eintritt in die Erdatmosphäre auf. Wir wollen uns nun die Temperatur ausrechnen, auf die die vordersten Rentiere beim Wiedereintritt aufgeheizt werden. Zunächst geht es aber um den Luftwiderstand.

Die Reibungskraft, die auf einen Körper einwirkt, der sich durch ein Medium wie die Luft bewegt, hängt von der Körperform, genauer von der Stromlinienförmigkeit, der Luftdichte, der Angriffsfläche und der Geschwindigkeit des Körpers ab. Die Abhängigkeit von der Geschwindigkeit ist dabei quadratisch, d. h. einer Verdopplung der Geschwindigkeit entspricht eine Vervierfachung des Luftwiderstands.

Die Stromlinienförmigkeit eines Körpers wird durch den Luftwiderstandsbeiwert, der auch als c_w-Wert bekannt ist, beschrieben. Dieser Wert ändert sich, je nachdem welche Form der Körper hat, der sich durch die Luft bewegt. Am größten ist der c_w-Wert beispielsweise für einen Körper, der sich an einem Fallschirm befindet. Der c_w-Wert einer nach unten offenen Halbschale, d. h. eines offenen Fallschirms, ist mit $c_w = 1{,}3$ bis 3 recht groß. Sehr stromlinienförmige Körper wie Pinguine oder die Tragflächen von Flugzeugen haben c_w-Werte zwischen 0,01 und 0,1. Heutige Autos haben c_w-Werte von etwa 0,3. Eine Kugel wie z. B. ein Fußball hat einen Wert von $c_w = 0{,}5$. Der Osterhase ist zwar nicht so rund wie eine Kugel, hat aber doch noch eine

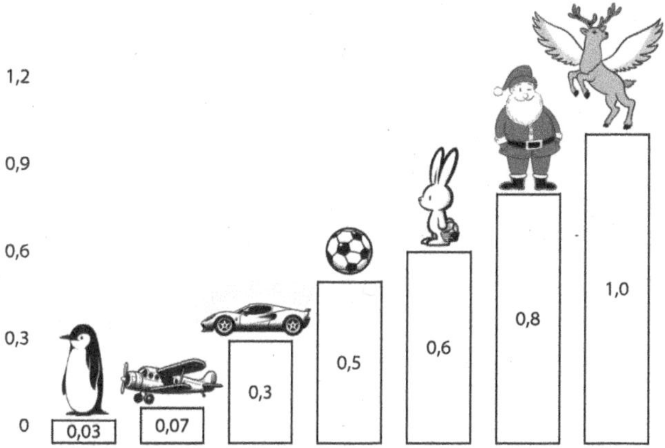

recht rundliche Form und sollte daher einen leicht höheren c_w-Wert von geschätzt 0,6 haben. Ein stehender Mensch wie der Weihnachtsmann hat $c_w = 0{,}8$. Rentiere sind noch weniger rundlich, sodass ein noch höherer c_w-Wert von ungefähr 1 gerechtfertigt erscheint. Dieser Wert ist daher vernünftig und soll für die weiteren Überlegungen verwendet werden. Eine genaue Berechnung des c_w-Werts für Rentiere wäre auch gar nicht möglich, sondern ein solcher Wert müsste im Windkanal experimentell ermittelt werden. So etwas würde nicht einmal der Weihnachtsmann machen. Deswegen ist $c_w = 1$ sicher ein sehr guter Schätzwert für die Rentiere.

Außerdem spielt auch die Querschnittsfläche des Körpers, der sich durch die Luft bewegt, eine große Rolle. Dabei handelt es sich um die effektive Angriffsfläche für den Luftwiderstand. Bei einer Schulterhöhe von 1,4 Metern und einer Breite von 75 Zentimetern pro Rentier ergibt sich eine effektive Angriffsfläche für den Luftwiderstand von ca. 2 Quadratmetern.

Mit der Dichte der Luft von 1,2 Gramm pro Liter und der bekannten Geschwindigkeit des Weihnachtsmanns von 711 Kilometern pro Sekunde liefert die Berechnung dann eine Kraft von ungefähr 600 Milliarden Newton, die der Luftwiderstand auf die Rentiere ausübt.[48]

Wenn man diese Kraft mit der Geschwindigkeit der Rentiere multipliziert,[49] dann ergibt sich eine Energiemenge von 431 Billiarden[50] Joule, die das vorderste Paar Rentiere pro Sekunde absorbieren muss. Dadurch werden die beiden Rentiere auf eine Temperatur von

48 Die Formel zur Berechnung der Luftwiderstandskraft F_L lautet: $F_L = \frac{1}{2} \cdot c_W \cdot A_{eff} \cdot \rho \cdot v^2$. Dabei sind c_w der Luftwiderstandsbeiwert, A_{eff} die effektive Querschnittsfläche, ρ die Dichte der Luft und v die Geschwindigkeit des Körpers, der sich durch die Luft bewegt. Der genaue Wert, der sich mit den Zahlen im Text ergibt, ist: $F_L = 606.625.200.000$ N

49 Wir berechnen hier die Leistungsaufnahme P der Rentiere, also die Energiemenge, die sie pro Zeit durch die Reibung mit den Luftmolekülen aufnehmen. Sie berechnet sich mit der Formel: $P = F_L \cdot v$

50 Eine Billiarde ist eine 1 mit 15 Nullen.

etwa 270 Milliarden Grad innerhalb einer einzigen Sekunde aufgeheizt.[51] Wenn wir umgekehrt davon ausgehen, dass Fett und andere organische Bestandteile bereits bei 10.000 Grad vollständig verdampfen, dann lösen sich die beiden vordersten Rentiere praktisch augenblicklich innerhalb einer 27zigstel-Mikrosekunde in Luft auf. Dadurch wird das nächste Paar Rentiere dem Luftwiderstand preisgegeben und verdampft ebenfalls und so weiter. Es wird sicher ein ohrenbetäubender Knall erzeugt und das gesamte Team der 117.000 Rentiere innerhalb von etwa 2 Millisekunden[52] vaporisiert!

Sollte das Vaporisieren aller Rentiere aber zu einem abrupten Stillstand des Schlittens innerhalb von den 2 Millisekunden führen, dann wird der Weihnachtsmann währenddessen einer stattlichen Beschleunigung

51 Hier lautet die genaue Berechnung wie folgt: Die 2 Rentiere der Gesamtmasse $m = 400$ kg werden durch die Wärmemenge Q um die Temperatur ΔT erwärmt, wobei gilt: $Q = c \cdot m \cdot \Delta T$ mit der spezifischen Wärmekapazität $c = 4000$ J/(kg · K), die in etwa der von Wasser entspricht. Der Körper vieler Lebewesen besteht zu einem großen Teil aus Wasser, sodass diese Annahme für den zu erwärmenden Körper recht gut ist. Diese Formel nach ΔT umgestellt ergibt einen Zahlenwert von $\Delta T = 269{,}57$ Milliarden Grad. Bei dieser Größe spielt es keine Rolle, ob wir hier Grad Celsius oder Grad Kelvin meinen.

52 Genau genommen sind es 2,17 Millisekunden.

von 328 Millionen Meter pro Sekunde im Quadrat ausgesetzt.[53] Das entspricht der 32,8-Millionen-fachen Erdbeschleunigung. Ein 100 Kilogramm schwerer Weihnachtsmann, was der Beschreibung nach lächerlich wenig sein muss, würde dadurch an das Ende seines Schlittens gepresst – mit einer Kraft von 32,8 Milliarden Newton. Wie kann man diese Zahlen nun einordnen?

Die Erdbeschleunigung wird allgemein mit *g* bezeichnet und beträgt die schon genannten 9,81 m/s^2, die wir in unseren Berechnungen immer zu 10 m/s^2 leicht aufgerundet haben. Dies ist bereits eine recht große Beschleunigung. Ein Auto, welches 1 *g* aufbringen könnte, würde von 0 auf 100 Kilometer pro Stunde in 2,83 Sekunden beschleunigen. Das ist ungefähr die Beschleunigung eines Formel-1-Boliden. Bei 7 *g*, also der siebenfachen Erdbeschleunigung, würde dies nur 0,4 Sekunden dauern, bei 28 *g* nur 0,1 Sekunden, also eine Zehntelsekunde. 28 *g* ist somit schon eine extrem große Beschleunigung und damit 32,8 Million *g* irgendwie völlig unvorstellbar.

Wegen des 2. Newton-Axioms ist die wirkende Kraft auf den Weihnachtsmann dann einfach gleich seiner Masse multipliziert mit der Beschleunigung. Bei einer Beschleunigung von 28 *g* würde der Weihnachts-

53 Hier lautet der genaue Wert 327,65 Millionen m/s^2.

mann folglich ungefähr so viel wiegen wie ein Wagen der Nobelklasse – also statt der nominellen 100 Kilogramm nun gefühlte $100 \cdot 28 = 2800$ Kilogramm. Der *g*-Faktor gibt daher einfach den Faktor an, um den man das eigene Körpergewicht erhöht spürt. Man bezeichnet diese wirkende Kraft deswegen auch als *g*-Kraft. 28 *g* ist bereits enorm viel, denn schon bei 7 *g* werden die meisten Menschen bewusstlos. Das Blut wird in die Beine gedrückt, dadurch kann nicht mehr genügend Sauerstoff ins Gehirn gelangen, und es kommt zu einer Unterversorgung. Das führt zunächst zur Bewusstlosigkeit und kann schließlich bei längerem Andauern oder noch größeren *g*-Werten den Tod bedeuten.

Laut Guinnessbuch der Rekorde ist 179,8 *g* die höchste je gemessene *g*-Kraft, die von einem Menschen, nämlich David Purley im Jahr 1977, überlebt wurde. Für einen untrainierten Menschen, auf den eine *g*-Kraft in Richtung der Körperachse wirkt, gilt: Eine *g*-Kraft bis 2 *g* ist für den Menschen uneingeschränkt ertragbar, bei 2 bis 3 *g* beginnt eine Einengung des Gesichtsfeldes, bei 3 bis 4 *g* gibt es bereits ein röhrenförmiges Gesichtsfeld und den Greyout, eine Vorstufe des Blackouts. Ab 4 bis 5 *g* kommt es zum Blackout und im Bereich 5 bis 6 *g* zur Bewusstlosigkeit. Nur besonders trainierte Menschen in Spezialanzügen, wie etwa Kampfpiloten, können einer Belastung von 13 *g* kurzfristig standhalten. Solche Anzüge sind mit einer Flüssigkeit gefüllt, deren

Konsistenz ähnlich der des menschlichen Blutes ist. Diese Flüssigkeit sorgt für einen Gegendruck und verhindert so, dass sich das Blut in den Beinen sammelt. Etwa 3 bis 4 *g* hielt die NASA für ihre Astronauten bei Space-Shuttle-Starts für gerade noch über einen längeren Zeitraum wie einen Raketenstart vertretbar.

Das bedeutet, dass 28 *g* schon eine große Belastung für den Weihnachtsmann darstellen würden. Selbst wenn wir annehmen, dass der Weihnachtsmann sehr robust ist, so erscheint es doch als äußerst unwahrscheinlich, dass er eine Beschleunigung von 32,8 Millionen *g* aushalten kann. Die Kraft von 32,8 Milliarden Newton, die auf ihn einwirken würde, entspricht der Gewichtskraft einer Masse von 3,28 Millionen Tonnen, was etwa 328 Eiffeltürmen gleichkäme.

Der Weihnachtsmann müsste es also aushalten, wenn man 328 Eiffeltürme über ihm stapelt. Selbst unter der Annahme, dass der Weihnachtsmann etwas ganz Besonderes ist, erscheint dies aber als gänzlich ausgeschlossen – 328 Eiffeltürme würden ihn unweigerlich auf die Dicke einer Briefmarke zusammendrücken.

Die Reise des Weihnachtsmanns in seinem fliegenden Schlitten wäre auch ohne Abbremsen durch den Luftwiderstand äußerst gefährlich, wenn er um eine Kurve sausen würde. Dabei wirken Fliehkräfte, wie man sie beispielsweise in einem Auto spürt, welches

eine enge Kurve durchfährt. Eine normale Autobahnausfahrt hat einen Kurvenradius von ca. 150 Metern. Wenn der Weihnachtsmann eine solche Ausfahrt mit seiner Geschwindigkeit von 711 Kilometern in der Sekunde durchflöge, dann würde eine Fliehkraft von fast 340 Millionen *g* auf ihn einwirken.[54] Auch diese Zahl ist so groß, dass wir annehmen müssen, dass

54 Diese Beschleunigung berechnet man mit der Formel für die Zentrifugalbeschleunigung $a = v^2/r$ mit $v = 711$ km/s und $r = 150$ m. Der genaue Wert, der sich für a ergibt, lautet: $a = 3{,}37 \cdot 10^9$ m/s^2 = 337 Millionen *g*. Das entspricht für einen 100 kg schweren Weihnachtsmann einer Gewichtskraft von 3370 Eiffeltürmen, die auf den Weihnachtsmann als Fliehkraft einwirken würden!

der gute Mann dabei unweigerlich seitlich aus seinem Schlitten herauskatapultiert würde.

Der größtmögliche sinnvolle Kurvenradius auf der Erde ist durch den Erdradius von 6.371 Kilometern gegeben.[55] Mit diesem Kurvenradius ergibt die Berechnung eine Belastung von fast 8000 *g* für unseren bärtigen Freund.[56] Das ist zwar deutlich weniger, aber immer noch absolut tödlich. Wenn wir umgekehrt davon aus-

55 Größere Kurvenradien sind zwar prinzipiell möglich, würden aber dazu führen, dass sich der Weihnachtsmann von der Erde entfernt. Er müsste dann später entweder wesentlich engere Kurven fliegen, um dies zu korrigieren, oder seine zurückzulegende Gesamtentfernung vergrößert sich noch einmal sehr beträchtlich.

56 Genau genommen sind es 7935 *g*.

gehen, dass der Weihnachtsmann maximal 10 *g* aushalten kann, womit er sich schon locker als Astronaut bei der NASA bewerben könnte, dann dürfte sein Schlitten nur Kurven durchfahren, deren minimaler Kurvenradius etwa 5 Millionen Kilometer wäre.[57] Was heißt das genau? Ein solch riesiger Kurvenradius bedeutet, dass der Weihnachtsmann quasi nur geradeaus fliegen kann,[58] was ein Überbringen der Geschenke unmöglich macht. Jede noch so kleine Kurvenfahrt müsste er mit seinem Leben bezahlen.

Wir erhalten daher als ein Zwischenergebnis unserer Analyse: Wenn der Weihnachtsmann irgendwann einmal den braven Kindern die Geschenke gebracht hat, dann wäre er heute leider tot! Entweder hätte er den Eintritt in die Erdatmosphäre nicht überlebt, denn er wäre dabei mit seinem Schlitten und den Geschenken verglüht, oder die durch die abrupte Abbremsung verursachte immense Kraft hat ihn zerquetscht. Spätestens beim Fahren auch nur kleinster Kurven wäre er im hohen Bogen aus seinem Schlitten geschleudert

57 Hier lautet der genaue Zahlenwert 5.055.210 km berechnet mit der Formel: $r = v^2/(10 \cdot g)$.

58 In Zahlen bedeutet dies, dass für den Weihnachtsmann auf einer geraden Strecke von $s = 200$ Kilometer eine maximale Abweichung von nur $x = 1$ Meter erlaubt ist! Dies berechnet man mit der Formel: $x = s^2/(8 \cdot r)$. Hier ist $r = 5.000.000$ km der Krümmungsradius der Bahn des Weihnachtsmanns.

worden. Wie auch immer man es drehen will: Vielleicht hat der Weihnachtsmann irgendwann einmal ein paar Geschenke verteilen können, aber dies kann er nicht überlebt haben, wie die obige Analyse eindeutig zeigt.

7.

Weihnachtsbäume als Navigationshilfen

Was wäre Weihnachten ohne einen Weihnachtsbaum? Wir wissen nun ja, dass es der Weihnachtsmann am Heiligen Abend sehr eilig hat, um seine weltweite Mission zu vollenden. Nur eine 2000stel-Sekunde hat er im Durchschnitt Zeit, um seine Geschenke abzuliefern. Doch wo soll er sie in einem großen Haus ablegen? Hier dient ihm offenbar der Weihnachtsbaum als Orientierungshilfe, denn übereinstimmenden Berichten zufolge haben die braven Kinder den Weihnachtsmann zwar noch nie gesehen, das Ergebnis seiner Taten aber sehr wohl unter dem Weihnachtsbaum vorgefunden.

Jedes Jahr werden in Deutschland knapp 30 Millionen Weihnachtsbäume aufgestellt. Für ihren Anbau wird eine Fläche von gut 16.000 Hektar bewirtschaftet, wobei fast ein Drittel dieser Fläche in Nordrhein-Westfalen liegt. Bei rund 42 Millionen Haushalten bedeutet dies, dass in über 70 Prozent der Haushalte der Weihnachtsmann eine Orientierungshilfe durch einen etwa 2 Meter hohen Nadelbaum erhält, unter dem reichlich Platz für seine Gaben ist.

Manche Weihnachtsbäume sind aber auch etwas größer. So wie beispielsweise der Weihnachtsbaum, der jedes Jahr seit 1996 auf dem Dortmunder Weihnachtsmarkt aufgestellt wird. Er besteht aus 1.700 einzelnen Rotfichten, die an einer speziellen konisch zulaufenden Aluminiumkonstruktion befestigt werden. 1996 schmückten den Baum noch 18.000 Lichter. Heutzutage sind es 136.000 einzeln ansteuerbare Lampen und 20 zweieinhalb Meter hohe Kerzen. Insgesamt wiegt der Baum 162 Tonnen und enthält sogar eine eigene Alarmanlage, eine Sprinkleranlage und eine Brandmeldeanlage. Seit 2007 schmückt ein großer Engel die Spitze des Weihnachtsbaums.[59] Der Aufbau des 45 Meter hohen Baums dauert immerhin ganze 5 Wochen. Im Guinnessbuch der Rekorde ist der Dortmunder Weihnachtsbaum als größtes Konstrukt aus natürlichen Bäumen verzeichnet.

Als höchster jemals gefällter einzelner Weihnachtsbaum der Welt gilt eine 64,6 Meter hohe Douglasie,

---

59 In Dortmund kann es auch vorkommen, dass der Baum manchmal durch andere Gegenstände verziert wird, so beispielsweise im Jahr 2011 mit einer überdimensionalen Meisterschale.

die im Dezember 1950 im Northgate Shopping Center in Seattle im US-Bundesstaat Washington aufgestellt und geschmückt wurde. Das Einkaufszentrum war erst im April des gleichen Jahres eröffnet worden. Dieser Rekordbaum wurde als eine gute Gelegenheit angesehen, die Aufmerksamkeit der Medien insbesondere zur umsatzstarken Weihnachtszeit zu erregen.

Als größter Weihnachtsbaum überhaupt wird der »Albero di Natale di Gubbio«, der Weihnachtsbaum des Ortes Gubbio im nördlichen Italien, geführt. Er ist 750 Meter hoch und 400 Meter breit und nimmt eine Fläche von 150.000 Quadratmetern ein. Für seine Lichtinstallation wurden 7,5 Kilometer Kabel verlegt. Seit dem Jahr 1991 wird er dem Guinnessbuch zufolge als größter Weihnachtsbaum der Welt genannt. Allerdings muss man hier einschränkend dazu sagen, dass es sich nicht wirklich um einen »echten« Baum handelt. Vielmehr hat der »Albero di Natale di Gubbio« nur die Form eines Weihnachtsbaums. Er besteht aber lediglich aus einer Lichtinstallation, die sich über den Hang von Gubbios Hausberg, dem Monte Ingino, erstreckt.

Doch wozu benötigt man solch überdimensionierte Bäume? Offensichtlich orientiert sich der Weihnachtsmann an den Bäumen, um seine Geschenke zu deponieren. Je größer der Baum ist, desto früher erkennt er ihn, und entsprechend früh kann er die nötigen Bremsmanöver für seinen Schlitten einleiten. In der Optik kann man der Größe eines Objekts eine Entfernung zuordnen, aus der es theoretisch – mit einem absolut perfekten Auge – noch zu sehen sein müsste.[60] Einen

60 Diese Entfernung L berechnet man mit der folgenden Formel: $L = D \cdot a/(1{,}22 \cdot \lambda)$. Dabei ist D die Größe des Objekts, a der Pupillendurchmesser von 3 mm und λ die Wellenlänge des (gelben) Lichts, nämlich 500 nm. Es handelt sich hierbei um die theoretisch maximale Sichtweite aus dem Weltraum,

2 Meter großen Weihnachtsbaum könnte man theoretisch noch aus 9.800 Metern Entfernung sehen. Das sind immerhin fast 10 Kilometer. Der 45 Meter hohe Dortmunder Baum wäre aus 221 Kilometern noch sichtbar, und der 64,6 Meter hohe Baum aus Seattle könnte theoretisch sogar von der Internationalen Raumstation in etwa 300 Kilometern Höhe noch gesehen werden. Für den 750 Meter messenden Gubbio-Baum ergibt sich eine theoretische Sehweite von 3.688 Kilometern![61]

Wir gehen nun davon aus, dass der Weihnachtsmann über absolut perfekte Augen verfügt, und nehmen auch an, dass er bei Eintritt in die Atmosphäre aus irgendwelchen Gründen doch nicht verglüht. Seine fliegenden Rentiere sind vielleicht durch ein besonders hitzeabweisendes Fell geschützt. Wie gesagt: Über fliegende Rentiere ist noch nicht viel bekannt, sodass man diese Möglichkeit zumindest einmal durchspielen sollte. Die rote Nase des vordersten Rentiers

---

denn ansonsten würde sich die Erdkrümmung bemerkbar machen und die jeweiligen Weihnachtsbäume hinter dem Horizont verschwinden. Die tatsächliche Sichtweite von Objekten ist aber z. T. erheblich kleiner.

61 Es sei nochmals darauf hingewiesen, dass es sich um theoretische Sichtweiten unter optimalen Bedingungen mit einem perfekten Auge handelt. In Wirklichkeit sind die realen Sichtweiten um einen Faktor 10 bis 100 kleiner!

Rangifer volans
(Fliegendes Rentier)

Rangifer lucens
(Leuchtendes Rentier)

Rudolph deutet an, dass der Wiedereintritt des Schlittens in die Erdatmosphäre zwar nicht ganz spurlos an den Rentieren vorbeigeht, ihnen aber auch nicht zu stark zusetzt.

Wenn der Weihnachtsmann einen Weihnachtsbaum am Horizont bemerkt, dann tritt er sofort auf die Bremse und bringt den ganzen Tross aus Schlitten, Rentieren, sich selbst und den Geschenken zum Stehen. Somit können die Sichtweiten der Bäume als Bremswege für die Rentiere und den Schlitten angesehen werden, die mit 711 Kilometern in der Sekunde durch die Lüfte donnern. Daraus können dann wieder die wirkenden Kräfte ermittelt werden. Zunächst berechnen wir aber die Dauer der jeweiligen Abbremsvorgänge bis zum Stillstand des Schlittens.[62] Für einen 2-Meter-Weihnachtsbaum ergibt sich mit dem Bremsweg von fast 10 Kilometern eine Dauer von 2,76 Hundertstelsekunden. Der Dortmunder Baum führt zu einer Bremsdauer von 0,62 Sekunden, und beim Gubbio-Baum hat der Weihnachtsmann immerhin 10,37 Sekunden Zeit, um seine riesige Geschwindigkeit von 711 Kilometern in der Sekunde auf null abzubremsen. Das sind schon deutlich längere Zeiten als die etwas mehr als 2 Tausendstelsekunden, in denen der Weihnachtsmann durch den Einfluss des Luftwiderstands zum Stehen kommt. Sie könnten sich daher auch vorteilhaft auf seine Gesundheit auswirken.

Das können wir wiederum an den *g*-Kräften, die bei der Abbremsung auf den Weihnachtsmann einwirken, ablesen.[63] Mit den berechneten Zeiten ergeben sich die folgenden Werte: Für den 2-Meter-Baum ergibt sich eine Belastung von 2,6 Millionen *g*. Das ist natürlich immer noch absolut tödlich, aber schon deutlich besser als die 32,8 Millionen *g*, die durch den Luftwi-

62 Dies macht man mit der folgenden Formel für die Abbremszeit: Δt: $\Delta t = 2 \cdot s/v$. Dabei ist v die Geschwindigkeit des Körpers, der nach dem Bremsweg s zum Stehen kommt.

63 Die Beschleunigung a, die der Weihnachtsmann beim Abbremsen von der Geschwindigkeit v bis zum Stillstand entlang des Weges s erfährt, berechnet sich folgendermaßen: $a = v/\Delta t = v^2/(2 \cdot s)$

derstand im vorigen Abschnitt zustande kamen. Der Dortmunder Weihnachtsbaum würde zu »nur« noch etwa 114.000 *g* führen und der Gubbio-Baum zu knapp 7.000 *g*.[64]

Auch diese deutlich geringere Beschleunigung von 7.000 *g* ist für den robustesten Weihnachtsmann sicher todbringend. Er kann einen solchen Bremsvorgang einfach nicht überlebt haben, denn die Belastung liegt immer noch gut 100- bis 1000-mal höher als das Maximum, welches ein Mensch kurzzeitig verkraften kann. So kommen wir zu einem noch viel frustrierenden Ergebnis, als wir es ohnehin schon erhalten haben: Selbst wenn der Weihnachtsmann mit seinen Rentieren und dem Schlitten nicht in der Atmosphäre verglüht sein sollte, ist er beim Verteilen der Geschenke mit absoluter Sicherheit ums Leben gekommen. Die *g*-Kräfte beim Abbremsen des Schlittens vor dem Weihnachtsbaum sind sogar bei dem größten Baum der Welt so groß, dass er keine Überlebenschance hätte. Auf ihn wirkt in diesem allergünstigsten Fall immer noch eine Kraft, die einem Gewicht von 700 Tonnen entspricht, was etwa 350 voll beladenen Mercedes-SL-Luxuskarossen entspräche,[65] und ihn damit gnadenlos

---

64 Die genauen Zahlen sind 2.569.756 *g*, 114.309 *g* und 6851 *g*.

65 Wir gehen dabei wieder von einer Masse von 100 kg für den Weihnachtsmann aus und sind uns immer noch dessen

zerquetschen würde – ein trauriges Ende für unseren stets gut gelaunten bärtigen Wohltäter.[66]

Gibt es ihn demnach doch nicht, den Weihnachtsmann? Müssen wir unsere Kinder also nun doch enttäuschen und sie zu so verbitterten Erwachsenen werden lassen wie jene Grundschullehrerin, von der die *Frankfurter Rundschau* am 3. Dezember 2005 berichtete:

SUSPENDIERUNG WEGEN
WEIHNACHTSMANN-DEMENTI

Canberra. *In Australien ist eine Grundschullehrerin vom Dienst suspendiert worden, nachdem sie vor der Klasse die Existenz des Weihnachtsmanns bestritten hatte. Die Kinder seien unter Tränen nach Hause gekommen, zürnten die Eltern. Der Schulleiter hatte die Klage an die Bildungsbehörde weitergeleitet. Ein Sprecher sagte, die Frau werde*

---

bewusst, dass dies lächerlich wenig ist. Das zulässige Gesamtgewicht für einen Mercedes SL (R231) ist 2065 kg, also ungefähr 2 Tonnen.

66 Wir haben bei dieser Betrachtung auch außer Acht gelassen, dass die Rentiere nach jedem Abbremsvorgang bis zum Stillstand erneut eine Energiemenge von 65.000 Petajoule aufbringen müssten, um auf die Reisegeschwindigkeit von 711 km/s zu kommen, damit der Weihnachtsmann seine Geschenke weiter verteilen kann …

keinen Unterricht mehr geben. Gegen sie sei aber kein Disziplinarverfahren eingeleitet worden. Die Behörde beziehe keine offizielle Position zum Weihnachtsmann. Sie rate Lehrern aber, Fragen über den Weihnachtsmann oder den Osterhasen von den Eltern beantworten zu lassen.

Muss in nächster Konsequenz etwa auch dieses Büchlein an die Bildungsbehörde weitergeleitet werden? Sollte es etwa auf den Index? Das werden wir jetzt noch weiter analysieren. Zunächst sieht es aber nicht gut aus für einen Weihnachtsmann, der sich den strengen Gesetzen der Physik unterwerfen muss.

8.

»Optimismus ändert die Gesetze der Physik nicht!«

Wie wird unsere Zukunft aussehen? Wird es möglich sein, den Weihnachtsmann zu retten, beispielsweise mit futuristischer Technologie, wie wir sie von *Star Trek* kennen? Dafür müssten wir etwa 130 Jahre in die Zukunft schauen. Umgekehrt können wir uns fragen, wie sich die Menschen vor etwa 130 Jahren gegen Ende des 19. Jahrhunderts die Welt von heute vorgestellt haben. Hätten sie geahnt, dass man in nicht einmal 80 Jahren, also etwa ein gutes Menschenleben weitergerechnet, einen Menschen auf den Mond und wieder zurückbringen würde? Damals gab es noch nicht einmal Autos und Flugzeuge.

Trotzdem hätten das die Menschen im ausgehenden 19. Jahrhundert ahnen können, denn die Physik, um einen Menschen auf den Mond zu bringen, war vollständig entwickelt. Die Mechanik war seit Isaac Newton bekannt und auf drei Grundgesetze zurückgeführt, wie wir schon gesehen haben. Man konnte also die Bahn einer Rakete genau berechnen, und alle Manöver einer Mondlandung waren prinzipiell vorauszuahnen.[67] Auch die Wärmelehre, die man für die Konstruktion von Antrieben benötigt, war im Wesentlichen im 19. Jahrhundert entwickelt worden. Hier steckt der physikalische Inhalt in den beiden Hauptsätzen der Thermodynamik.[68] Seit 1864 hatte James Clerk Maxwell

---

67 Schon im Jahr 1870 hatte Jules Verne in seinem berühmten Roman »Von der Erde zum Mond« viele technische Dinge, die 100 Jahre später tatsächlich so realisiert wurden, vorweggenommen.

68 Der 1. Hauptsatz beschreibt das fundamentale Prinzip der Energieerhaltung in der Physik. Dies bedeutet, dass in einem abgeschlossenen System die Gesamtenergie immer konstant ist. Es finden lediglich Umwandlungen in unterschiedliche Energieformen statt. Energie kann also weder erzeugt noch vernichtet werden. Das Prinzip der Energieerhaltung wurde in der Mitte des 19. Jahrhunderts von dem deutschen Arzt Julius Robert Mayer, dem englischen Bierbrauer und Physiker James Prescott Joule und dem deutschen Physiker Hermann von Helmholtz entdeckt. Es gilt auf subatomarem Maßstab genauso wie in den galaktischen Dimensionen des Universums und hat sich als eines der fundamentalsten Prinzipien herausgestellt, an das Physikerinnen und Physiker heute glauben. Der 2. Hauptsatz besagt, dass ein abgeschlossenes System niemals von selbst in einen bedeutend unwahrscheinlicheren Zustand übergeht – oder physikalischer ausgedrückt, seine Entropie nimmt immer (bis auf kleine Fluktuationen) zu. Er wurde wie der 1. Hauptsatz

alle elektrischen und magnetischen Phänomene mithilfe von nur vier Gleichungen erklärt[69] und die Existenz von elektromagnetischen Wellen vorausgesagt, die Heinrich Hertz 1886 erstmalig erzeugt hat.[70] Wenn man zum Mond will, dann muss sicher Kontakt zum Raumschiff gehalten werden, und das konnte man prinzipiell mit elektromagnetischen Wellen machen, wie der Italiener Guglielmo Marconi und der Deutsche Ferdinand Braun Ende des 19. Jahrhunderts zeigten.[71] Man konnte

---

ebenfalls im 19. Jahrhundert von dem französischen Physiker Nicolas Léonard Sadi Carnot, dem deutschen Physiker Rudolf Clausius und dem Nordiren William Thomson, dem ersten Baron Kelvin, entdeckt und sagt uns, in welche Richtung Reaktionen ablaufen. Grob gesprochen kann man sagen, dass der 2. Hauptsatz der Thermodynamik eine klare Trennung zwischen »nützlicher« und »unnützer« Energie macht.

69 Für Genießer seien die vier Maxwell-Gleichungen für das elektrische Feld $\boldsymbol{E}$ und das magnetische Feld $\boldsymbol{B}$ hier einmal ohne weitere Erklärung in der sogenannten differenziellen Form angegeben: $\nabla \cdot \boldsymbol{E} = \rho/\varepsilon_0$, $\nabla \cdot \boldsymbol{B} = 0$, $\nabla \times \boldsymbol{E} = -\partial \boldsymbol{B}/\partial t$, $\nabla \times \boldsymbol{B} = \mu_0 \boldsymbol{j} + \mu_0\varepsilon_0\, \partial \boldsymbol{E}/\partial t$.

70 Dies war eine der bedeutendsten Entdeckungen des 19. Jahrhunderts. Am 11. November 1886 gelang Heinrich Hertz im Experiment die Übertragung künstlich erzeugter elektromagnetischer Wellen von einem Sender zu einem Empfänger. Der Berliner Akademie der Wissenschaften berichtete er am 13. Dezember 1888 in seinem Forschungsbericht »Über Strahlen elektrischer Kraft« von seiner Entdeckung.

71 Für diese Entwicklungen erhielten Marconi und Braun im Jahr 1909 den Nobelpreis für Physik.

zu dieser Zeit die Welt also mit nur 9 grundlegenden Axiomen erklären, und diese Axiome ließen eine Reise zum Mond prinzipiell zu. Daher war es nicht kühn, zu behaupten, dass, wenn der technische Fortschritt so rasant weiterginge, wie man es Ende des 19. Jahrhunderts sehen konnte, eines Tages ein Flug zum Mond möglich sein würde.

Was bedeutet dies nun für den Weihnachtsmann? Können wir ihn mit diesen Gesetzen retten? Offenbar stirbt er bei seiner Mission spätestens beim Abbremsvorgang, wie wir im letzten Abschnitt gesehen haben. Hier sollten wir uns als Erstes ein Zitat aus einem Dialog zwischen Captain Archer und seiner Wissenschaftsoffizierin, der Vulkanierin T'Pol, aus der 24. Folge der 2. Staffel der Serie »Star Trek: Enterprise« vor Augen führen. Die Vulkanierin sagt, nachdem Captain Archer etwas Optimismus für ein Manöver anmahnt: »Optimismus ändert die Gesetze der Physik nicht!«

Muss der Weihnachtsmann also die Hoffnung auf ein Überleben endgültig aufgeben? Nützt ihm hier nicht einmal größter Optimismus etwas? Auch unsere bisherigen Berechnungen setzten schon viel Optimismus voraus.

In der Tat sind Naturgesetze immun gegen jede Form von noch so großem Optimismus. Sie sind einfach nur da und gelten ewig. Allerdings muss man einschränken, dass Naturgesetze immer einen Gültigkeitsbereich haben.[72] Aber trotzdem: Wenn man in die Zukunft blickt, dann sollten erst einmal die bekannten Naturgesetze genau angeschaut werden. Was geben sie noch her? Die Spezielle Relativitätstheorie beispielsweise lässt durch die Zeitdilatation das Reisen in minimaler Zeit zu, sodass der Weihnachtsmann mehr Zeit für seine guten Taten hätte. Voraussetzung dafür ist aber, einen Antrieb zu konstruieren, der Geschwindigkeiten nahe der Lichtgeschwindigkeit ermöglicht. Obwohl der Tross des Weihnachtsmanns sich mit schier unglaublichen 711 Kilometern pro Sekunde durch die Lüfte bewegt, ist dies immer noch weit von der Lichtgeschwindigkeit entfernt. Wir haben gesehen, dass er dadurch nur 3,2 Zehntelsekunden für seine Arbeit gewinnt. Es ist auch noch nicht klar, wie er sich überhaupt so schnell bewegen kann. Die Rentiere selbst können die dafür nötige Energie nicht aufbringen, wie wir schon bewiesen haben.

Entwicklungen in der Technik verliefen und verlaufen selten linear, d. h. entwickeln sich nicht gleichmä-

72 Beispielsweise gilt die Newton-Mechanik nur für Geschwindigkeiten, die sehr viel kleiner als die Lichtgeschwindigkeit sind. Andernfalls muss die Spezielle Relativitätstheorie verwendet werden. Die Newton-Mechanik gilt auch nur für makroskopische Objekte. Das Reich der Atome befindet sich nicht mehr im Gültigkeitsbereich. Hier gelten die Gesetze der Quantenphysik, wie wir noch sehen werden. So hat jede physikalische Theorie ihren eigenen Gültigkeitsbereich.

ßig mit der Zeit. Während unmittelbar nach der Erfindung des Motors die Autos in rascher Folge immer schneller wurden, stagnieren ihre normalen Reisegeschwindigkeiten seit etwa 60 Jahren bei ungefähr 100 bis 200 Kilometern pro Stunde, und auch die Höchstgeschwindigkeit ist selten größer als 300 km/h. Eine größere Geschwindigkeit wäre auf den Straßen nicht nur unpraktikabel, sondern man hat auch keine entsprechenden Motoren mehr konstruiert.

Bei Flugzeugen ist der gleiche Trend zu sehen. Zuerst haben sie sich stürmisch entwickelt bis hin zur Concorde im Jahr 1969 als erstem Überschall-Passagierflugzeug, aber seit über 50 Jahren findet keine Steigerung der Geschwindigkeit mehr statt.[73] Auch für Raketenantriebe gilt das. Die Geschwindigkeiten von Raketen haben sich in den letzten 50 Jahren nicht bedeutend gesteigert. Das ist der Grund, warum die letzte Mondlandung über 50 Jahre her ist und die Menschheit noch nicht den Aufbruch zum Mars gewagt hat. Solange eine solche Reise mehr als ein Jahr dauert, wird man es wahrscheinlich auch nicht versuchen.[74] Es ist

73 Bei der Deutschen Bahn hat man sogar das Gefühl, dass die Geschwindigkeit in den letzten 50 Jahren trotz der Installation einiger Hochgeschwindigkeitsstrecken drastisch abgenommen hat.

74 Auch der Optimismus amerikanischer Milliardäre ändert die Gesetze der Physik nicht.

daher sehr schwer, etwas über die Antriebstechniken der Zukunft vorauszusagen.

In der Zukunft stagniert es also vielleicht weiter, weil beispielsweise Treibstoffmangel die Weiterentwicklung stoppt, oder aber wir haben im anderen Extremfall miniaturisierte Fusionsantriebe erfunden, die die 711 Kilometer pro Sekunde, die der Weihnachtsmann benötigt, leicht ermöglichen. Dies würden die Naturgesetze nämlich noch hergeben.

Die Kernfusion ist der Prozess, mit dem Sterne wie unsere Sonne die gigantischen Energiemengen erzeugen, die sie ins Universum abstrahlen. Dabei verschmelzen Atomkerne leichter Elemente wie Wasserstoff zu schwereren Elementen wie Helium. Und Masse wird nach der berühmten Formel $E = mc^2$ in Energie umgewandelt.

Diesen Prozess technisch auf der Erde zu realisieren würde das Energieproblem der Menschheit lösen. Mit Fusionsantrieben könnten prinzipiell 10 Prozent der Lichtgeschwindigkeit erreicht werden, was immerhin 30.000 Kilometern in der Sekunde entspräche.

Allerdings würde das dem Weihnachtsmann immer noch keinen großen relativistischen Zeitvorteil durch den Effekt der langsamer gehenden Uhren bei schnellen Bewegungen bringen. Selbst wenn er sich mit 10 Prozent der Lichtgeschwindigkeit bewegt, würde er dadurch am Heiligen Abend lediglich knappe 10 Minuten für seine Arbeit gewinnen.[75] Da die Kernfusion aber noch nicht einmal in riesigen Anlagen gelungen ist,[76] müsste der Weihnachtsmann noch ein paar Generationen auf einen solchen Antrieb warten, bevor er wieder auf Tour gehen könnte. Damit werden ihm sicher weder die Relativitätstheorie noch futuristische Antriebstechnologien bei seiner Arbeit aus der Patsche helfen – auch nicht mit sehr viel Optimismus in 130 Jahren.

Aber es besteht trotzdem noch Hoffnung, wenn man sich ein Zitat des ehemaligen US-Verteidigungsministers Donald Rumsfeld vor Augen führt. Dieser hatte die Welt in drei große Felder eingeteilt: Erstens gibt es die Sachen, von denen wir wissen, dass wir sie wissen, wie beispielsweise die Newton-Axiome. Dann gibt es zweitens die Sachen, von denen wir wissen, dass wir sie nicht wissen. Hierzu gehört der Fusionsantrieb. Wir wissen, dass es die Kernfusion gibt, weil unsere Sonne sonst nicht scheinen würde. Aber wir wissen eben nicht, ob man die Kernfusion hier auf der Erde technisch realisieren kann. Drittens gibt es schließlich die

75 Genau genommen sind es 577,4 Sekunden, also 9,62 Minuten. Die Formel zur Berechnung dieser Zahl steht in Fußnote 37.

76 Die größte Anlage ist ITER im französischen Cadarache. Sie soll frühestens 2034 in Betrieb gehen und die prinzipielle Möglichkeit demonstrieren, mit der Kernfusion Energie in größerem Maßstab zu erzeugen.

Sachen, von denen wir nicht einmal wissen, dass wir sie nicht wissen.[77]

In diese dritte Kategorie wären im 19. Jahrhundert sicher die Relativitätstheorie und auch die Quantenphysik gefallen, die wir im nächsten Abschnitt kennenlernen werden. Von beiden wusste man nicht einmal, dass man nichts über sie wusste, denn alle bis dahin durchgeführten Experimente konnten mit den neun Gesetzen der klassischen Physik erklärt werden.[78] Der Weihnachtsmann wäre also in diesen neun Gesetzen »gefangen« gewesen und hätte das Verteilen der Geschenke am Heiligen Abend nicht überlebt, wie wir vorher bewiesen haben.

Erst die winzigen Abweichungen im Spektrum der

---

77 Donald Rumsfeld hat dies im Jahr 2002 im Zusammenhang mit der Frage, ob der Irak Massenvernichtungswaffen besitzt, geäußert. Das Originalzitat lautet: »There are known knowns; there are things we know we know. We also know there are known unknowns; that is to say we know there are some things we do not know. But there are also unknown unknowns – the ones we don't know we don't know.«

78 Noch im Jahr 1903 sagte Albert Abraham Michelson, Physik-Nobelpreisträger des Jahres 1907, den Satz: »Die wichtigsten Grundgesetze und Grundtatsachen der Physik sind alle schon entdeckt; und diese haben sich bis jetzt so fest bewährt, dass die Möglichkeit, sie wegen neuer Entdeckungen beiseitezulegen, außerordentlich fernzuliegen scheint. […] Unsere künftigen Entdeckungen müssen wir in den 6. Dezimalstellen suchen.«

Wärmestrahlung und die durch immer genauere Messungen der Lichtgeschwindigkeit aufkeimende Vermutung über ihre Konstanz und Unabhängigkeit von der Bewegung haben den Weg in fundamental neue Richtungen der Physik, wie sie die Quantentheorie und die Relativitätstheorie darstellen, angedeutet. Ohne dieses Wissen wären unser heutiges Verständnis der Welt und unsere heutigen Computertechnologien nicht möglich.

Was bedeutet das für den Weihnachtsmann? Um seine Geschenke am Heiligen Abend an alle braven Kinder zu verteilen, benötigt er nicht nur eine kleine technische Verbesserung unserer bisher bekannten Antriebe, nein, er benötigt hier sicher einen Quantensprung in der wissenschaftlichen Erkenntnis, mit dem er am 24. Dezember seinen Weg durch die Kamine der Wohnzimmer finden kann.

9.

Quantensprünge mit Quantenphysik

Die Quantentheorie ist die Theorie der Atome und subatomaren Teilchen und erklärt alle Phänomene im Mikrokosmos.[79] Ihre Konsequenzen sind noch bizarrer und unanschaulicher als die der Relativitätstheorie, deren Zeitparadoxa bereits die Grenzen unserer Vorstellungskraft aufzeigen. Der Beginn der Quantenphysik ist der 14. Dezember 1900. Max Planck erklärte zum ersten Mal ein Phänomen mit der portionsweisen, d. h. quantisierten Abgabe von Energie. Das Spektrum der Wärmestrahlung war nur genau zu verstehen, wenn die

79 Hier noch mal zur Wiederholung: Im Bereich unserer Alltagserfahrungen können mit den Newton-Axiomen alle Experimente der Mechanik erklärt werden. Die sogenannten Maxwell-Gleichungen sind in der Lage, alle Phänomene des Elektromagnetismus zu beschreiben. Im großen Maßstab des Universums müssen wir dann noch die Relativitätstheorie hinzunehmen. Mit diesen Theorien kann die komplette makroskopische Welt erklärt werden.

Energie in kleinen »Paketen«, den Quanten, abgegeben wird und nicht etwa in kontinuierlicher Form, wie man bis dahin dachte.

Diese völlig neue Idee wurde erst fünf Jahre später von Albert Einstein wieder aufgenommen, um den Fotoeffekt zu erklären.[80] Das bedeutete aber, dass man dem Licht, welches spätestens nach den Erkenntnissen von James Clerk Maxwell in den 1860er-Jahren als elektromagnetische Welle erkannt wurde, doch wieder die Eigenschaften eines Teilchens zuschreiben musste, wie es schon Newton im 17. Jahrhundert tat. Im weiteren Verlauf stellte sich auch das Gegenteil heraus: Teilchen im Mikrokosmos, wie etwa Elektronen, verhielten sich überraschenderweise auch wie Wellen, wenn man ganz genau hinschaute.[81] Auch dies war sehr merkwürdig.

Diese experimentellen Tatsachen lieferten bereits

---

80 Beim fotoelektrischen Effekt wird mit Licht auf eine Metalloberfläche eingestrahlt und dadurch Elektronen ausgelöst. Die Größe der Energie der ausgelösten Elektronen konnte Einstein damit erklären, dass ein Lichtteilchen mit einem Elektron zusammenstößt und es herausschlägt. Einstein wurde dafür 1921 mit dem Nobelpreis für Physik geehrt und nicht für seine Entdeckungen zur Relativitätstheorie.

81 Der erste experimentelle Nachweis von Interferenzerscheinungen bei Elektronen wurde 1927 von Clinton Davisson und seinem damaligen Assistenten Lester Germer durchgeführt. 1937 wurde Davisson für dieses Experiment mit dem Nobelpreis für Physik ausgezeichnet.

Anhaltspunkte für eine der wesentlichen Aussagen der Quantenphysik, den Welle-Teilchen-Dualismus. Man kann also auch einem Teilchen eine Wellenlänge zuordnen, die sogenannte de-Broglie-Wellenlänge λ einer Materiewelle. Sie ergibt sich mit dem Impuls p eines Teilchens[82] und dem Planckschen Wirkungsquantum h aus:[83] $\lambda = h/p$. Der Franzose Louis-Victor de Broglie hat diese Beziehung 1924 in seiner Dissertation aufgestellt und dafür 1929 den Nobelpreis für Physik erhalten. Dies ist die grundlegende Beziehung für Materiewellen, weil sie die Teilcheneigenschaft »Impuls« mit der Welleneigenschaft »Wellenlänge« direkt verknüpft.

Es bedeutet, dass jedes Teilchen zugleich eine Welle ist und umgekehrt Wellen, wie etwa Lichtwellen, auch Teilcheneigenschaften haben. Das kann man sich nun wirklich nicht mehr vorstellen, denn ein Teilchen ist an einem Ort lokalisiert, und eine Welle ist über einen ganzen Raumbereich verschmiert. Wie kann also ein Objekt beides gleichzeitig sein? Und wenn ein Teilchen auch eine Welle sein soll, was schwingt dann in dieser Welle? Bei einer Wasserwelle sind es die Wasserteil-

82 Zur Wiederholung: Der Impuls p eines Teilchens der Masse m, welches sich mit der Geschwindigkeit v bewegt, berechnet sich so: $p = m \cdot v$

83 Max Planck benötigte die Größe $h = 6{,}626 \cdot 10^{-34}$ Js zur Beschreibung der Energieportionen, um das Spektrum der Wärmestrahlung zu erklären.

chen, bei einer Schallwelle die Luftmoleküle, bei einer Seilwelle die einzelnen Seilabschnitte und bei einer Lichtwelle das elektromagnetische Feld. Was schwingt aber bei einer Teilchenwelle oder, wie der Physiker vornehmer sagt, bei einer Materiewelle?

Es stellt sich heraus, dass man das gar nicht mehr genau sagen kann, sondern eine solche Welle kann nur »interpretiert« werden, was eher eine philosophische Antwort ist. Dabei hat sich die Kopenhagener Deutung durchgesetzt, die von Physikern wie Niels Bohr, Werner Heisenberg und Max Born Mitte der 1920er-Jahre entwickelt wurde. Diese Deutung besagt, dass die Wellenfunktion, die eine Materiewelle charakterisiert, so etwas wie die Wahrscheinlichkeit angibt, mit der sich ein Teilchen an einem bestimmten Ort befindet, und dass eine Messung diese Wellenfunktion verändert.[84]

Man kann also gar nicht mehr angeben, dass sich beispielsweise ein Elektron an einem ganz bestimmten Ort befindet, sondern man kann nur noch sagen, dass es sich mit einer bestimmten Wahrscheinlichkeit an diesem Ort aufhält. Anders ist es dann bei einer Messung. Wenn man also nachguckt, ob sich das Elektron

84 Die Wahrscheinlichkeitsinterpretation der Wellenfunktion wurde 1926 von Max Born gegeben. Dafür erhielt er 1954 den Nobelpreis für Physik. Max Born soll einmal in Bezug auf die Interpretation der Quantentheorie gesagt haben: »Die Quanten sind doch eine hoffnungslose Schweinerei!«

an einem bestimmten Ort befindet, dann ist es entweder da oder nicht. Nach der Messung weiß man also exakt, was Sache ist. Sie hat das System unwiederbringlich verändert. Es wird dann theatralisch vom »Kollaps der Wellenfunktion« gesprochen, weil die Messung den Zustand des zu untersuchenden Systems und damit die Wellenfunktion selber verändert.[85]

Die Kopenhagener Deutung ist nur eine von mehreren Interpretationen. Sie ist aber so erfolgreich bei der Erklärung von Experimenten, dass sie heutzutage die gängigste Interpretation der Wellenfunktion ist. Die Wellenfunktion ist also gar keine reale physikalische Größe, sondern sie dient dazu, Vorhersagen für messbare Größen im atomaren Bereich zu machen. Dabei ist die Quantenphysik so erfolgreich, dass Experimente bis auf viele Nachkommastellen genau erklärt werden können.[86] Wellenfunktionen müssen ferner normiert sein, wie der Mathematiker sagen würde. Dies bedeutet nur, dass die Wahrscheinlichkeit, das Teilchen irgendwo im

---

85 Den Begriff »Kollaps« kann man nur mathematisch verstehen. Die Wellenfunktion ist vor der Messung eine Überlagerung aus vielen Einzelzuständen, nach der Messung beschreibt sie aber nur noch einen einzigen Zustand. Viele Zustände kollabieren also in einen.

86 Beispielsweise kann der sogenannte Landé-Faktor des Elektrons von der Quantentheorie bis auf 11 Nachkommastellen genau vorhergesagt werden!

Raum zu finden, gleich 1 ist. So muss es natürlich sein. Irgendwo im Universum muss sich der Weihnachtsmann aufhalten.

Nun sollen für Besserwisser noch ein paar Details zur Quantenmechanik aufgeführt werden. Wie bereits erwähnt wird Materie im atomaren Bereich durch eine Wellenfunktion beschrieben. Diese Wellenfunktion ist in der Regel eine komplexe Zahl und hat somit gar keine anschauliche Bedeutung, denn nur reelle Zahlen können als Messgrößen vorkommen.[87] Man interpretiert daher das Betragsquadrat der Wellenfunktion als die Wahrscheinlichkeitsdichte, d. h. die Wahrscheinlichkeit pro Volumen, ein Teilchen an einem bestimmen Ort zu finden. Um die Wahrscheinlichkeit dafür auszurechnen, dass sich ein Elektron innerhalb eines bestimmen Volumens befindet, muss das Betragsquadrat der Wellenfunktion über dieses Volumen integriert werden. Das alles hört sich nicht nur kompliziert an, es ist auch kompliziert!

Wie kann man sich diese Wellenfunktion eines Teilchens verschaffen? Hierfür haben Physiker wie Werner Heisenberg und Max Born im Jahr 1925 in Göttingen

87 Eine komplexe Zahl besteht aus zwei reellen Zahlen a und b und wird dargestellt als $a + i \cdot b$. Dabei ist i die imaginäre Einheit mit $i^2 = -1$. Der Betrag einer komplexen Zahl ist die reelle Zahl $(a^2 + b^2)^{1/2}$.

den Grundstein gelegt. Sie haben erstmalig ein Verfahren angegeben, mit dem man diese Wellenfunktion systematisch berechnen kann. Daher bezeichnet man das Jahr 1925 oftmals auch als die eigentliche Geburtsstunde der Quantenmechanik, denn erst seit diesem Zeitpunkt gibt es eine kohärente Theorie, aus der man auch Vorhersagen für den Mikrokosmos ableiten kann. Dies war somit die Geburtsstunde für all unsere technologischen Errungenschaften wie etwa Transistorradios, Quarzuhren, Computer und Smartphones.

Die Formulierung der Quantenmechanik im Jahr 1925 hat also eine bleibende Grundlage für unser physikalisches Verständnis der Natur gelegt. 100 Jahre später, im Jahr 2025, wirkt sich die Quantenmechanik auf alle Bereiche von Kultur, Wissenschaft, Technologie und Kunst aus. Daher wurde das Jahr 2025 durch die Vereinten Nationen zum Internationalen Jahr der Quantenwissenschaft und -technologie ausgerufen und in aller Welt gefeiert.[88]

Eine mathematisch äquivalente Formulierung der Quantenmechanik wurde gleichzeitig vom österreichischen Physiker Erwin Schrödinger gegeben. Sie erwies

88 Näheres findet sich hier: www.quantum2025.org. Die Aktivitäten des Quantenjahrs in Deutschland werden koordiniert durch die Deutsche Physikalische Gesellschaft (www.dpg-physik.de).

sich als noch leistungsfähiger und lieferte mit der heute als Schrödinger-Gleichung bezeichneten Grundgleichung das Fundament für fast alle praktischen Anwendungen der Quantenphysik. Seit 1926 gelang mit ihr die Erklärung vieler Eigenschaften von Atomen und Molekülen bis hin zu Festkörpern. Eine Lösung dieser Gleichung führt auf die genaue Form der Wellenfunktion und liefert gleichzeitig die Energie des untersuchten Teilchens.[89]

Allerdings ist es nicht ganz leicht, diese Gleichung für verschiedene Systeme zu lösen. Für ein Wasserstoff-Atom, also ein Elektron, das sich um ein Proton bewegt, ist die Schrödinger-Gleichung gerade noch exakt lösbar. Schon für das Helium-Atom mit 2 Elektronen, die sich um einen Kern mit 2 Protonen und 2 Neutronen bewegen, kann die Gleichung nur noch näherungsweise gelöst werden. Prinzipiell kann man aber mit einem Computer aus der Schrödinger-Gleichung die Wellenfunktion und auch die Energien der Elektronen in Atomen beliebig genau berechnen und so das Periodensystem der Elemente und noch viel mehr erklären.

89 Erwin Schrödinger hat diese Gleichung im Jahr 1926 aufgestellt und mit ihr gleich das Wasserstoff-Spektrum erklärt. Dafür hat er 1933 den Nobelpreis für Physik erhalten. Der Begriff »Schrödinger-Gleichung« ist heutzutage der wohl am häufigsten verwendete in wissenschaftlichen Veröffentlichungen.

Eine wesentliche Folgerung des Welle-Teilchen-Dualismus ist die Unschärferelation, die 1927 von Werner Heisenberg entdeckt wurde. Sie kann auch als ein Ausdruck des Wellencharakters der Materie betrachtet werden und gilt als eine der Grundlagen der Kopenhagener Deutung der Wellenfunktion.

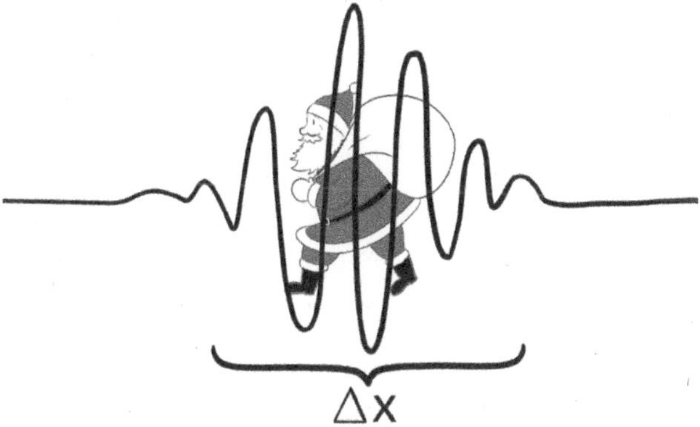

Wenn man mit einer Welle ein lokalisiertes Teilchen, also z. B. den Weihnachtsmann, beschreiben möchte, dann geht das mit einem Wellenpaket, wie in der Abbildung gezeigt. Angenommen, der Weihnachtsmann befindet sich im Raumbereich Δx, dann muss man Sinuswellen mit verschiedenen Wellenlängen überlagern, um so ein Wellenpaket zu erzeugen. Da aber die de-Broglie-Wellenlänge einer Materiewelle mit dem

Impuls des Teilchens zusammenhängt, muss man also dem Teilchen nicht einen festen Impuls geben, sondern der Wert des Impulses muss aus einem gewissen Intervall der Breite Δp kommen, um es auf den Raumbereich Δx zu beschränken. Hätte das Teilchen nämlich einen exakt definierten Impuls, dann würde dazu eine reine Sinuswelle gehören, und dann wäre das Teilchen nicht mehr lokalisiert. Die Wahrscheinlichkeit, das Teilchen irgendwo im Raum zu finden, wäre dann überall gleich hoch, weil die Amplitude der Sinuswelle überall gleich groß ist. Es stellt sich nun heraus, dass, wenn man den Ort eines Teilchens mit der Genauigkeit Δx bestimmen will, seine Impulsungenauigkeit Δp immer so groß sein muss, dass gilt:[90] $\Delta x \cdot \Delta p \geq \hbar/2$.

Die Größe $\hbar \approx 1{,}054 \times 10^{-34}$ Js ist wieder das Plancksche Wirkungsquantum,[91] das Max Planck im Jahr 1900 eingeführt hat, um die Wärmestrahlung zu erklären, und das fünf Jahre später Albert Einstein dazu diente, den Fotoeffekt zu verstehen. Der Unterschied zwischen der Quantenmechanik und der klassischen Mechanik ist nun genau dieses $\hbar$. In der klassischen

90 Die Experten wissen, dass dies mathematisch lediglich eine Eigenschaft der Fourier-Transformation ist.

91 $\hbar$ ist die Kurzschreibweise für $h/(2\pi)$, wobei h das eigentliche Plancksche Wirkungsquantum ist. Da aber in Formeln sehr häufig der Ausdruck $h/(2\pi)$ vorkommt, hat man die Kurzschreibweise $\hbar$ für diesen Ausdruck eingeführt.

Physik ist $\hbar = 0$. Das ist auch fast der Fall, und deswegen kann man mit der klassischen Physik unsere Alltagsphänomene hervorragend erklären. Erst wenn die Dimensionen der betrachteten Systeme sehr klein werden, spielt es eine große Rolle, dass $\hbar$ eben nicht null ist, sondern ein klein wenig größer.

Was bedeutet die Unschärferelation nun genau? Die wesentliche Folgerung ist, dass man den Ort eines Teilchens niemals exakt messen kann. Wäre das der Fall, dann würde $\Delta x = 0$ gelten. Damit dann aber das Produkt aus Δx und Δp größer als oder gleich $\hbar/2$ ist, müsste Δp unendlich groß werden. Der Impuls wäre in diesem Fall also völlig unbestimmt. Das kann natürlich nicht sein, also kann auch nicht $\Delta x = 0$ sein, und damit kann man den Ort eines Teilchens im atomaren Bereich nicht genau messen. Da der Impuls immer eine Unschärfe Δp hat, wie die Physikerin sagt, ist auch die Energie eines Teilchens immer mit einer Unschärfe versehen und kann prinzipiell ebenfalls nicht exakt bestimmt werden.[92]

Oft wird etwas umgangssprachlich auch als Quantensprung bezeichnet. Damit meint man in der Regel einen Fortschritt, der innerhalb kürzester Zeit eine Entwicklung einen sehr großen Schritt voranbringt.

---

92 Es gibt auch eine Energie-Zeit-Unschärfe, die für sogenannte Quantenfluktuationen verantwortlich sein kann.

So etwas benötigen wir ja für den Weihnachtsmann, um ihn zu retten. Doch dies ist eigentlich eine falsche Interpretation des Wortes Quantensprung, welches physikalisch im Prinzip genau das Gegenteil bedeutet. Der Begriff Quantensprung wurde in den 1910er-Jahren geprägt und leitet sich von der von Max Planck eingeführten Energieportion ab. Diese feste Energiemenge wird auch als Energiequant bezeichnet.

Der Begriff Quantensprung in der Physik ist durch das Atommodell eingeführt worden, welches der dänische Physiker Nils Bohr im Jahr 1913 aufgestellt hatte. Im Rahmen dieses Bohrschen Atommodells können Elektronen ihre Energie nur in diskreten, also quantisierten, Schritten ändern und dabei elektromagnetische Wellen bzw. Lichtteilchen, die man akademisch »Photonen« nennt, abstrahlen oder absorbieren. Diese Eigenschaft stand entgegen der Annahme, dass in der Natur alle Abläufe kontinuierlich seien. Die Zustände und damit die möglichen Energiewerte im Bohrschen Atommodell sind mit Quantenzahlen durchnummeriert. Der Übergang von einem Zustand zu einem anderen wurde als sprunghaft angenommen. Daraus ergab sich in der Physik die Bezeichnung Quanten*sprung*.

Dieser sprunghafte Übergang zwischen stabilen Zuständen, bei dem Photonen emittiert oder absorbiert werden, war ein zentraler Bestandteil des Bohrschen Atommodells. Da einem solchen Übergang aber in der

Regel eine sehr kleine Energieportion entspricht, ist in der Physik mit einem Quantensprung eher eine minimale Veränderung eines Systems gemeint.[93] In einigen frühen Veröffentlichungen wurde diese Bezeichnung allerdings nur mit Anführungszeichen geschrieben. Bedeutende Physiker wie Erwin Schrödinger lehnten diesen visuellen Begriff sogar entschieden ab.[94] Bereits wenige Jahre nach der Ersterwähnung wurde daher der abstraktere Begriff »Übergang« eingeführt, der den Quantensprung in der physikalischen Fachsprache ersetzte.[95]

Im Gegensatz dazu bezeichnet umgangssprachlich ein Quantensprung einen ungewöhnlich großen Fortschritt in einem bestimmten Bereich. Bei einem Quantensprung handelt es sich nach der gängigen Meinung daher meistens um einen qualitativ sehr großen Fort-

---

93 Solche atomaren Energiesprünge sind in der Größenordnung von Elektronenvolt, wie die Physikerin sagt. Einem Elektronenvolt entspricht die winzige Energiemenge von $1{,}6 \cdot 10^{-19}$ Joule, d. h. 0,00000000000000000016 Joule.

94 Schrödinger wird mit den Worten zitiert: »Wenn es doch bei dieser verdammten Quantenspringerei bleiben soll, dann bedauere ich, daß ich mich überhaupt mit diesem Gegenstand beschäftigt habe.«

95 In der englischen Literatur wurden für den Begriff Quantensprung zunächst die analogen Begriffe *quantum jump* und *quantum leap* verwendet. Sie wurden erst allmählich durch das dem Wort »Übergang« entsprechende *transition* ersetzt.

schritt, bei dem etwas völlig Neues oder anderes entsteht oder geschaffen wird. Beispielsweise sind sogenannte Quantencomputer nicht einfach nur bessere Laptops, mit denen man Berechnungen etwas schneller durchführen kann. Wenn es sie wirklich in einer entsprechenden Größe gäbe, dann könnten damit ganz neue, bisher für unlösbar gehaltene Probleme bearbeitet werden, wie z. B. das Umgehen sämtlicher mit herkömmlichen Methoden nicht zu knackenden Verschlüsselungsalgorithmen. Sie wären also wirklich ein großer Fortschritt, ein Quantensprung, in der Computertechnologie und basierten auf ganz anderen Prinzipien als herkömmliche Computer.

Wir werden nun sehen, dass die Quantentheorie auch für den Weihnachtmann einen wahren Quantensprung darstellt und ihm ganz neue Möglichkeiten eröffnet, am Heiligen Abend in die Wohnzimmer der braven Kinder zu kommen und seine Geschenke zu verteilen.

10.

Die Rettung des Weihnachtsmanns

Die gesamte bisherige Argumentation basierte auf der klassischen Physik. Da es sich aber bei dem Weihnachtsmann um etwas Besonderes handelt, muss natürlich die Quantenphysik zur Erklärung des Phänomens »Weihnachtsmann« herangezogen werden. Die Quantenphysik wird immer dann bemüht, wenn man es ganz genau wissen will – und ganz genau verstehen wollen wir das Phänomen »Weihnachtsmann« auf jeden Fall! Wir leben wie die kleine Virginia 1897 in einer skeptischen Zeit und geben uns daher mit oberflächlichen Erklärungen nicht zufrieden. Auch der Redakteur Francis P. Church der *New York Sun* hatte dem Weihnachtsmann immerhin einen ganzen Leitartikel gewidmet, und seit Colonel Shoup 1955 den legendären Telefonanruf des kleinen Mädchens erhielt, ist sogar die US-Luftwaffe am Heiligen Abend mit der Eskorte von Santa Claus ausgelastet. Selbst vor DNA-Analysen schreckte man im Jahr 2022 nicht zurück. Da kann es nun von uns auch nicht zu viel verlangt sein, etwas genauer hinzuschauen.

Doch halt! Gilt die Quantentheorie nicht nur für Phänomene im atomaren Bereich? Bis zu welchen Dimensionen reicht die Quantenwelt eigentlich? Im Jahr 1999 haben Physiker um Markus Arndt von der Universität Wien nachgewiesen, dass sich sogar ganze Fulleren-Moleküle wie Wellen verhalten.[96] Wo liegt also die Grenze zwischen der Makrowelt und der Quantenwelt? Gibt es eine solche Grenze überhaupt? Diese Frage hat Physiker wie Erwin Schrödinger schon recht früh beschäftigt. Er zeigte bereits 1935 durch sein berühmtes Gedankenexperiment, welches als *Schrödingers Katze* weltbekannt geworden ist, dass es eine solch strikte Trennung zwischen Makro- und Quantenwelt nicht geben kann.

Dieses Gedankenexperiment geht so: Eine Katze befindet sich in einer verschlossenen Kiste gemeinsam mit einer radioaktiven Substanz. Diese ist so gewählt,

---

96 Fulleren-Moleküle sind aus 60 Kohlenstoffatomen aufgebaut wie kleine Fußbälle und haben einen Durchmesser von etwa einem Nanometer. Man konnte experimentell nachweisen, dass diese Moleküle gebeugt werden, wenn sie enge Spalte durchlaufen – eine Eigenschaft, die man sonst nur von Wellen kennt (*Wave-particle duality of C60 molecules,* M. Arndt, O. Nairz, J. Voss-Andreae, C. Keller, G. van der Zouw, A. Zeilinger; Nature 401 (6754) 680–682, 1999).

dass es innerhalb einer Zeitspanne gleich wahrscheinlich ist, ob eines der radioaktiven Atome zerfällt oder nicht. Laut Kopenhagener Deutung der Quantenmechanik ist das Atom, solange man den Zerfall nicht misst, in einem gemeinsamen Überlagerungszustand aus »Atom zerfallen« und »Atom nicht zerfallen«. Weiterhin befinden sich in der Kiste ein Detektor, beispielsweise ein Geigerzähler, ein Hammer und ein Gefäß mit einer giftigen Substanz. Sobald ein Atom seinen Zustand ändert und zerfällt, wird der Zerfall durch den Detektor registriert. Dadurch wird der Hammer bewegt, der daraufhin das Gefäß mit der giftigen Substanz zerstört, was den Tod der Katze nach sich zieht.

Solange man nicht in die Kiste schaut, ist von außen betrachtet nicht klar, ob das Atom zerfallen ist. Es befindet sich, wie bereits erwähnt, in einem Überlagerungszustand. Vom Zerfall des Atoms hängt es aber ab, ob die Katze lebt oder tot ist. Solange die Kiste nicht geöffnet wird, befindet sich die Katze somit ebenfalls in einem Überlagerungszustand – sie ist zu 50 Prozent lebendig und zu 50 Prozent tot.

Nach den Regeln der Quantenphysik wird der Zustand erst dann eindeutig festgelegt, wenn eine Messung durchgeführt wird und das System dabei mit der Umwelt interagiert. Diese Messung, in diesem Fall das Öffnen der Kiste und Nachschauen, ob der Geigerzähler etwas anzeigt, führt laut Kopenhagener Deutung bei einer quantenmechanischen Überlagerung dazu, dass das Teilchen wieder einen eindeutigen Zustand annimmt. Da aber der Zerfall des Atoms das Überleben der Katze bestimmt, besiegelt erst das Öffnen der Kiste das Schicksal der Katze. Vorher muss sie sich genauso wie das zerfallende Atom in einem Überlagerungszustand, in diesem Fall zwischen »tot« und »lebendig«, befunden haben. Dieses Gedankenexperiment wollen wir nun auf den Weihnachtsmann sinngemäß übertragen.

Wie bereits erwähnt, besagt die Quantentheorie, dass Materie auch Welleneigenschaften hat. Für den Weihnachtsmann bedeutet das etwa, dass man ihn

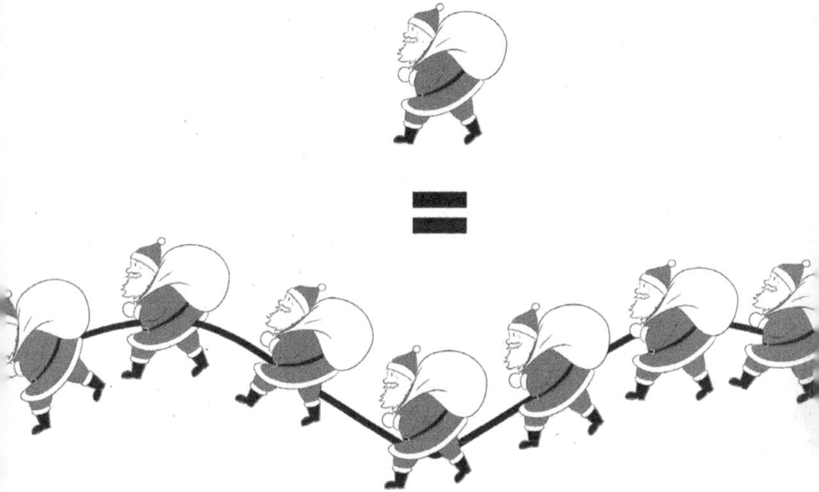

durch eine im ganzen Raum vorhandene Materiewelle ersetzen muss, die alle Zustände gleichzeitig beschreibt, die er einnehmen kann.[97]

Diese radikal neue, durch die Quantentheorie initiierte Idee, bedeutet nun für den Weihnachtsmann den Quantensprung ins Wohnzimmer der braven Kinder. Wie das? Anstelle eines Weihnachtsmanns liegt also eine ganze Weihnachtsmann-Welle aus Überlagerun-

97 Liebe Leserinnen und Leser, Sie bemerken hier sicherlich das sehr große Augenzwinkern des Autors!

gen all seiner Zustände vor.[98] Diese einzelnen Zustände sind dann dadurch gegeben, dass er seine Geschenke jeweils in einem bestimmten Haus abliefert. Die Überlagerung aller Einzelzustände bedeutet nun, dass der Weihnachtsmann in allen Häusern gleichzeitig ist. Damit er aber überall auf der Welt gleichzeitig sein kann, muss diese Weihnachtsmann-Welle jetzt über die ganze Erde »ausgeschmiert« werden, d.h. ihre Wellenlänge λ muss etwa so groß wie der Erdumfang von 40.000 Kilometern sein. Nur dann ist es laut Kopenhagener Deutung der Wellenfunktion auch möglich, dass

98 Der Physiker würde auch sagen: Der Gesamtzustand der Weihnachtsmann-Welle ist eine Überlagerung von vielen »verschränkten« Einzelzuständen, d.h. Einzel-Weihnachtsmann-Wellen. Verschränkte Zustände sind das Mysteriöseste, was die Quantenphysik zu bieten hat. Es zeigt sich, dass in der Quantentheorie unter besonderen Umständen zwei Teilchen so miteinander über beliebige räumliche Distanzen verschränkt sein können, dass eine Veränderung des einen Teilchens unweigerlich zu einer sofortigen gegensätzlichen Veränderung des anderen Teilchens führt. Dieses Phänomen wurde schon im Jahr 1935 von Albert Einstein, Boris Podolsky und Nathan Rosen aus der Quantentheorie gefolgert (Albert Einstein, Boris Podolsky, Nathan Rosen, »Can quantum-mechanical description of physical reality be considered complete?«, in: *Physical Review* 41, 777, 1935). Die Autoren versuchten mit diesen Überlegungen allerdings auf die Unvollständigkeit der Quantentheorie hinzuweisen. Heutzutage sind verschränkte Zustände zweier Teilchen aber

er sich mit einer gewissen Wahrscheinlichkeit in jedem Haus aufhält.

Nun müssen wir zwar nur wenige, aber doch etwas kompliziertere Berechnungen durchführen, denn die Quantentheorie ist nun mal recht kompliziert. Wenn die Wellenlänge $\lambda = 40.000$ km ist, dann folgt nach de Broglie für den Impuls des Weihnachtsmanns $p = h/\lambda = 1{,}65 \cdot 10^{-41}$ kg·m/s. Hier haben wir einfach nur die Zahlen für h und λ eingesetzt.

Die Masse des Weihnachtsmanns plus Rentiere und Geschenke war $m = 257.400$ Tonnen. Mit der Defini-

---

eine experimentelle Tatsache und heißen Einstein-Podolsky-Rosen-Paare (EPR-Paare). Doch wie sind diese EPR-Paare miteinander gekoppelt? Ehrlich gesagt, das weiß keiner, nicht einmal der Weihnachtsmann! Beide Teilchen eines EPR-Paares werden durch eine gemeinsame Wellenfunktion nach den Regeln der Quantenphysik beschrieben. Diese Wellenfunktion hat ja keine anschauliche Bedeutung und lässt im Rahmen der Kopenhagener Deutung auch bis zu einer Messung noch alle Möglichkeiten zu. Erst wenn ein Teilchen des EPR-Paares gemessen wird oder mit einem anderen Teilchen reagiert, wird das Gesamtsystem unweigerlich verändert, was dann natürlich auch Konsequenzen für das zweite EPR-Teilchen hat. Die gemeinsame Wellenfunktion ist also die Ursache für die Verschränkung der beiden Teilchen eines EPR-Paares. Sie gibt aber keinen Hinweis auf den Mechanismus der Verschränkung. Auch die verschiedenen Weihnachtsmann-Zustände sind miteinander verschränkt und bilden eine Weihnachtsmann-Gesamtwellenfunktion.

tion des Impulses p aus der Mechanik $p = m \cdot v$ gilt nun:

$p = h/\lambda = m \cdot v$ oder umgestellt: $v = h/(m \cdot \lambda)$. Wenn man nun bedenkt, dass die Geschwindigkeit der Quotient aus einem Weg und einer Zeit ist, so können wir als Weg die Wellenlänge λ wählen und als Zeit Δt die Dauer, die die Welle benötigt, um sich eine Wellenlänge lang auszubreiten, also $v = \lambda/\Delta t$. Wenn dieser Ausdruck für v in die obige Formel eingesetzt wird, dann kann diese Dauer nun also mit der folgenden Formel berechnet werden: $\Delta t = m \cdot \lambda^2/h$.

Dieser Ausdruck für Δt gibt die Zeit an, die eine Materiewelle eines Teilchens der Masse m benötigt, sich

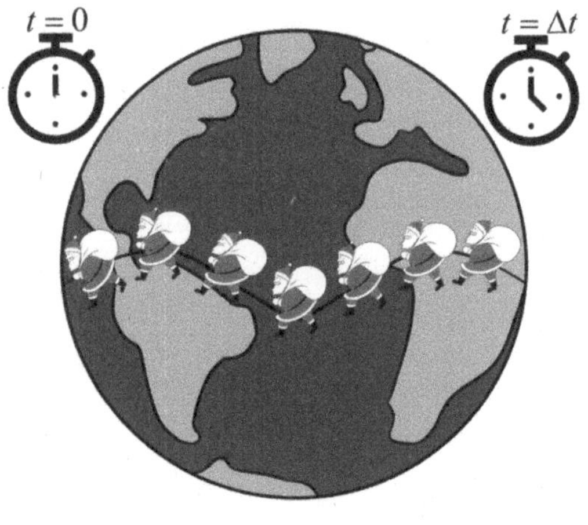

um die Strecke λ auszubreiten. Wenn der Weihnachtsmann also etwas Zeit hat, dann könnte er durchaus alle Geschenke verteilt haben, da sich dann die Weihnachtsmann-Welle mit all seinen möglichen Zuständen über die ganze Erde verbreitet hätte, er also bei jedem braven Kind am Heiligen Abend gleichzeitig ist. Was bedeutet nun »etwas Zeit« genau? Wenn in die obige Formel alle Zahlen für den Weihnachtsmann eingesetzt werden, also $\lambda = 40.000$ km und $m = 257.400$ Tonnen sowie für das Plancksche Wirkungsquantum der Wert $h = 6{,}626 \cdot 10^{-34}$ Js, dann ergibt sich für die Dauer Δt, die die Weihnachtsmann-Welle benötigt, um sich auf der ganzen Welt auszubreiten, ein Wert von $\Delta t = 2 \cdot 10^{49}$ Jahren.

Ist das lange? Ja, sehr lange sogar, denn $2 \cdot 10^{49}$ ist eine 2 mit 49 Nullen. $2 \cdot 10^{49}$ Jahre sind also 2 Milliarden mal 10 Milliarden mal 10 Milliarden mal 10 Milliarden mal 10 Milliarden Jahre!

Was bedeutet diese Zahl? Nun ja, die Erde hat ein Alter von ungefähr 4,5 Milliarden Jahren, unsere Sonne ist mit 4,6 Milliarden Jahren etwas älter, und der Urknall fand vor etwa 13,8 Milliarden Jahren statt. Hm, der Weihnachtsmann ist also schon deutlich länger am Werk, als das Universum existiert. Der letzte Stern im Universum wird in etwa 100 Billionen Jahren erloschen sein. Das sind 10^{14} oder gerade einmal 10.000 mal 10 Milliarden Jahre.

Auch das ist lächerlich klein gegenüber den 10^{49} Jahren, die der Weihnachtsmann schon am Werk ist. Man spekuliert, dass das Letzte, was sich in fernster Zukunft, wenn im Weltall bereits alle Sterne erloschen sind, auflösen wird, die schwarzen Löcher in den Zentren der Galaxien sein könnten. Dies würde dann etwa in 10^{40} bis 10^{100} Jahren passieren und beinhaltet unsere Zahl von 10^{49}.

So lange ist also der Weihnachtsmann schon aktiv, und er hat keinen Grund, seine Arbeit einzustellen. Damit wäre auch geklärt, dass der Redakteur Francis P. Church der *New York Sun* die Wahrheit zur kleinen Virginia gesagt hat, als er bemerkte, dass der Weihnachtsmann sicher noch in »zehnmal zehntausend Jahren« aktiv sein wird – keine Frage, denn 10^{49} ist in der Tat »etwas« größer als zehnmal zehntausend.

Nach der Kopenhagener Deutung der Quantentheorie bleibt die über die ganze Welt ausgeschmierte Weihnachtsmann-Welle nur so lange bestehen, bis der Weihnachtsmann »gemessen« wird. Danach »kollabiert« die Welle an dem Ort der Messung des Weihnachtsmanns. Die Kopenhagener Deutung der Quantentheorie erklärt somit völlig zwanglos, warum der echte Weihnachtsmann noch nie gesehen wurde. Würde man ihn sehen und beispielsweise ein Foto von ihm machen, während er die Geschenke unter den Weihnachtsbaum legt, dann entspräche dies quantenmechanisch einer

Messung und würde unmittelbar zum »Kollaps« der Weihnachtsmann-Welle am Ort der Sichtung führen, genauso wie man durch Öffnen der Kiste das Schicksal von Schrödingers Katze bestimmt hat. Dort würde der Weihnachtsmann dann sein letztes Geschenk abliefern und müsste danach seine Arbeit einstellen.

Da er aber immer noch jedes Jahr am Heiligen Abend zu allen braven Kindern kommt und seine Gaben verteilt, sind alle bisherigen Sichtungen, beispielsweise von bärtigen Individuen in rot-weißen Verkleidungen, die sich um die Weihnachtszeit in Fußgängerzonen herumtreiben und kleine Kinder mit billigen Geschenken beglücken, nur als (schlechte) Kopien des echten Weihnachtsmanns entlarvt. Sollte der Weihnachtsmann aber tatsächlich einmal bei seiner Arbeit beobachtet werden, dann war dies auch gleichzeitig das letzte Mal, dass er auf Tour gegangen ist.

Es ist daher im Interesse aller braven Kinder, dass dies niemals geschieht. Selbst die forensische Detektivarbeit der kleinen Scarlett Doumato aus Cumberland käme einer Beobachtung des Weihnachtsmanns gleich und würde damit unweigerlich zu einem »Kollaps« der Weihnachtsmann-Welle führen. Sie konnte daher zu keinem eindeutigen Ergebnis führen. Der Glaube an den Weihnachtsmann muss also doch ausreichen, sodass Colonel Harry Shoup im Jahr 1955 richtiglag mit seiner Aussage, dass dies der Zauber der Weihnacht ist,

und auch die Polizei von Cumberland lag im Jahr 2022 nicht ganz falsch mit der Einschätzung, dass »Magie« im Spiel gewesen sei.

Die Theorie der Weihnachtsmann-Welle stellt wahrlich einen Quantensprung in der Erklärung des Phänomens »Weihnachtsmann« dar. Anstelle des unvermeidlichen Todes beim Verteilen der Geschenke sichert sie das Überleben des Weihnachtsmanns bis zum Ende des Universums, erfordert aber ein radikales Umdenken: Der Weihnachtsmann kommt nicht am 24. Dezember – er ist bereits seit einer Ewigkeit von 20 Oktillionen Jahren unterwegs[99]. Die Kinder sollten ihm auf keinen Fall beim Verteilen der Geschenke auflauern, weil er dann unmittelbar seine Arbeit einstellen würde. Sie bemerken lediglich am Heiligen Abend seine Taten, da sie an diesem Tag besonders brav und aufmerksam sind.[100]

---

99 10 Oktillionen steht für die Zahl 10^{49}.

100 Den aufmerksamen Leserinnen und Lesern wird aufgefallen sein, dass eine wichtige Sache bisher noch nicht thematisiert wurde: Santa Claus kommt in einigen Ländern wie den USA oder England nicht am 24. Dezember, sondern erst am 1. Weihnachtstag, also am 25. Dezember in der Morgendämmerung. Auch diese Verwirrung wird durch die quantenmechanische Betrachtung völlig zwanglos aufgelöst. Da der Weihnachtsmann immer am Werk ist und die Geschenke erst durch die Aufmerksamkeit der Kinder zutage treten, ist es im Prinzip egal, an welchem Tag diese Aufmerksamkeit erbracht wird. Er ist ja sowieso nicht bei seiner Arbeit zu beobachten.

11.

Reisesegen für den Weihnachtsmann

Ein theologisches Nachwort von
Prof. Dr. Thomas Kaufmann

Metin Tolans Physik des Weihnachtsmanns eröffnet bemerkenswerte Perspektiven auch für ungelöste Fragen der Theologie. Und sie bietet einen willkommenen Anlass, den von ernsthaften und ein wenig engherzigen Christenmenschen als säkularistischen Konkurrenten des Christkindes im kapitalistischen Äon beargwöhnten weißen alten Mann auf breiter Front zu rehabilitieren. Denn was er vermag, lässt Schrödingers Katze, die nur zugleich tot und lebendig zu sein vermochte, zur Mumie erstarren: An zahllosen Orten bedient er in einem extrem engen Zeitrahmen Myriaden an Kindern und anderen Geschenksüchtigen mit präzise zugestellten Objekten. Wäre in Zeiten des Fachkräftemangels einer wie er über ein Jobcenter verfügbar, Amazon und die Logistikbranche müssten sich verdammt warm anziehen!

Sucht man nach einer Analogie zu den weihnachtsmännischen Skills, landet man – wen wundert es – bei einem ungelösten Problem der Theologie, das vor dem Hintergrund der Tolanschen Methodik und seiner Anwendung der Quantenmechanik neu bedacht zu werden verdient: der simultanen Gegenwart des ungeteilten Gottmenschen Jesus Christus in Brot und Wein – und zwar nicht nur an diesem oder jenem Ort, sondern an all den Orten, an denen zeitgleich das Abendmahl (lutherisch) gefeiert bzw. die Messe oder Eucharistie (katholisch) zelebriert wird. Um diese simultane leibliche Gegenwart an sehr vielen Orten zu denken, entwarf die scholastische Theologie des Spätmittelalters ein differenziertes Konzept von körperlichen Präsenzmodi: Sie unterschied zwischen einer lokal-circumskriptiven Präsenzweise (raumgreifend an einem Punkt, so wie wir da sind), einem diffinitiven Modus (so ist das Licht im Wasserglas; so war Christus da, als er das geschlossene Grab des Lazarus durchschritt; so sind die Engel auf einer Nadelspitze präsent, und so ist Christus in der Hostie da) und einem repletiven – allumfassenden – Gegenwartsmodus (die exklusiv göttliche Ubiquität, also Allgegenwart). Aufgrund der Tolanschen Analyse wird man das weihnachtsmännische Treiben am Heiligen Abend im Sinne des zweiten, des diffinitiven Präsenzmodus zu verstehen haben.

Was aber folgt daraus? Zum einen, dass die Theologie, die völlig zu Recht durch Jahrhunderte hindurch als die Krone der abendländischen Wissenschaft galt, im Kern die Quantenphysik antizipiert haben dürfte. (War nicht Max Planck ein frommer Lutheraner und der Ururenkel eines überaus würdigen Kirchenhistorikers und Abtes von Bursfelde?!) Und zum anderen, dass sich die eigentliche Weihnachtsbotschaft, dass Gott ein bestimmter Mensch – Jesus von Nazareth – geworden ist, um den Menschen nahe zu sein, im Vergleich mit der weihnachtsmännischen und der eucharistischen Präsenz-Challenge als ungemein harmloser, geradezu nüchtern-rationaler Sachverhalt darstellt. Welche Chance, an den Kern der Weihnachtsbotschaft zu erinnern! Gott liebt die Menschen und wünscht ihnen Frieden. Danke dafür an den Physiker und Menschen Metin Tolan!

Thomas Kaufmann, Göttingen im Januar 2025

Danke

Am Ende möchte ich mich bei allen bedanken, die zu diesem Buch beigetragen haben.

Zuerst gebührt mein großer Dank Katja Menzel vom Piper Verlag. Sie hatte die Idee für dieses Buch und hat mir bei allen Fragen tatkräftig zur Seite gestanden. Katharina Wulffius danke ich herzlich für das lektorierende Feingefühl, das meinen Text in etwas verwandelt hat, das man tatsächlich lesen kann. Ein großes Dankeschön geht auch an Ralph Wegner und Sarah Hoffmann-Urlaub, die sich mit kritischem Blick über mein erstes Manuskript hermachten. Alle eventuell noch vorhandenen Fehler sind daher eindeutig dem Autor anzulasten. Weiterhin bedanke ich mich für die Erstellung der schönen Grafiken bei Livia ten Barge. Dem Abt von Bursfelde und Theologieprofessor an der Georg-August-Universität Göttingen Prof. Dr. Dr. h.c. Thomas Kaufmann danke ich für das theologische Nachwort. Es beweist nicht nur, dass die Theologie zu Recht als die Krone der Wissenschaft galt, sondern auch, dass sie immer noch den Glanz eines frisch polierten Diamanten hat!

Und last but not least: Ein ganz besonderer Dank geht an den Weihnachtsmann für 60 Jahre treue Dienste! Offenbar war ich immer brav genug (oder er hat einfach einen sehr großzügigen Maßstab), denn jedes Jahr wurde ich von ihm mit Geschenken überhäuft. Vielleicht kann ich mich nun endlich revanchieren und ihm ein Exemplar dieses Buches zukommen lassen. Verrät mir jemand seine Adresse?

© Jan Vetter

Metin Tolan, 1965 geboren, ist seit 2001 Professor für Experimentelle Physik an der Technischen Universität Dortmund und war zwölf Jahre Prorektor. Zwischendurch war er für vier Jahre Präsident der Georg-August-Universität Göttingen. Er gilt als »Deutschlands womöglich coolster Physikprofessor« (Der Spiegel) und wurde mit seinen Physik-Erklärbüchern zum Bestseller-Autor.

Sein Buch »Geschüttelt, nicht gerührt« nimmt James Bond physikalisch ins Visier. In »Manchmal gewinnt der Bessere« erklärt der Communicator-Preisträger, warum Fußball der ungerechteste Sport der Welt ist. Den Untergang der Titanic und die filmische Hollywood-Umsetzung der Katastrophe beleuchtet er physikalisch in seinem gleichnamigen Buch. »Die Star Trek Physik« ist ein unentbehrliches Handbuch für jeden Star-Trek-Fan – und für jeden, der wissen will, ob wir im Jahr 2200 tatsächlich neue Galaxien erforschen werden. In »Stille Nacht, eilige Nacht« folgt Tolan mit physikalischen Berechnungen und einem Augenzwinkern der Spur des Weihnachtsmanns.

2017 erhielt Metin Tolan den Robert-Wichard-Pohl-Preis der Deutschen Physikalischen Gesellschaft, 2018 die DPG-Ehrennadel und 2024 wurde er mit dem Kulturpreis der Eduard-Rhein-Stiftung ausgezeichnet.